金属硫化矿电化学传感器构置及实验检测技术

马婷婷　张志强　王月　著

本书数字资源

北　京

冶金工业出版社

2025

内 容 提 要

本书主要论述了金属硫化矿电化学传感器的构置及对葡萄糖、尿酸、多巴胺、抗坏血酸和过氧化氢等物质的实验检测技术，并对所设计的硫化矿电化学传感器的传感机理和性能进行了评价。以 3 种金属硫化矿（包括黄铁矿、辉钼矿、黄铜矿）作为传感器的基底材料，采用物理吸附、熔盐合成、物理掺杂、化学偶联、电化学沉积等方法制备了 2 种酶生物传感器以及 4 种无酶传感器，探讨了它们的电化学特性，并开发了一系列针对葡萄糖、过氧化氢、尿酸、多巴胺、抗坏血酸及邻苯二酚等化合物的电化学分析新技术。通过对修饰电极进行表征以及优化实验操作条件，开发了选择性好、灵敏度高、抗干扰能力强、响应时间短、线性范围较宽和检出限较低的电化学传感器。

本书可为从事电化学传感器研究和应用领域的科研人员、高校学生提供帮助和指导，同时也可供化工、环境、医药、食品等领域的生产和研发人员阅读参考。

图书在版编目（CIP）数据

金属硫化矿电化学传感器构置及实验检测技术／马婷婷，张志强，王月著. -- 北京：冶金工业出版社，2025. 5. -- ISBN 978-7-5240-0251-2

Ⅰ．P578. 2；TP212. 2

中国国家版本馆 CIP 数据核字第 20254ZP118 号

金属硫化矿电化学传感器构置及实验检测技术

出版发行	冶金工业出版社	电　　话	(010)64027926
地　　址	北京市东城区嵩祝院北巷 39 号	邮　　编	100009
网　　址	www. mip1953. com	电子信箱	service@ mip1953. com

责任编辑　卢　蕊　美术编辑　吕欣童　版式设计　郑小利
责任校对　梅雨晴　责任印制　禹　蕊
三河市双峰印刷装订有限公司印刷
2025 年 5 月第 1 版，2025 年 5 月第 1 次印刷
710mm×1000mm　1/16；9.25 印张；179 千字；138 页
定价 76. 00 元

投稿电话　(010)64027932　投稿信箱　tougao@cnmip. com. cn
营销中心电话　(010)64044283
冶金工业出版社天猫旗舰店　yjgycbs. tmall. com
（本书如有印装质量问题，本社营销中心负责退换）

前　言

分析化学是一门研究物质的组成、含量、结构和性质的科学，电化学分析方法是分析化学的一个重要分支，它能够在分子和原子水平上研究界面电荷转移过程。在科学与技术不断发展的如今，电化学传感器以独特的灵敏度、选择性和便携性，已成为化学、生物医学、环境监测和工业控制等领域中不可或缺的工具。

电化学传感器由于其诸多的优点被广泛应用于环境监测、医疗健康、食品安全等领域。但是如何实现灵敏度和准确度高、选择性好，构建具有特色和高性能的电化学传感器仍是目前研究的热点。电催化和分子识别在电化学传感分析中占据重要地位，是实现灵敏和特异性检测的关键途径。因此，在设计和构建电极功能时，不仅可以通过研究分子识别机制中信号传导的规律来探讨检测过程中的信号转换问题，还可以通过修饰电极表面来获取功能界面，这将有助于构建功能化器件，实现对待测分子的有效检测。

本书以研究金属硫化矿电化学传感器的构置及实验检测技术为立足点，以黄铁矿、辉钼矿、黄铜矿为基底材料，构置了灵敏度高、选择性好的3种硫化矿类型的电化学传感器，并在传感器的设计和构置、传感机制和应用等方面开展了相关研究。研究内容主要包括：（1）以黄铁矿为基底材料，采用物理吸附和熔盐合成的方法构建了葡萄糖酶生物电化学传感器以及过氧化氢（H_2O_2）无酶传感器。（2）以辉钼矿为基底材料，采用物理掺杂和化学偶联的方法设计了可以同时检测尿酸（UA）、多巴胺（DA）和抗坏血酸（AA）的无酶传感器以及邻苯二酚（CC）酶生物传感器。（3）以黄铜矿为基底材料，采用物理掺杂和电化学沉积的方法制备了2种过氧化氢无酶传感器。书中对设计的6

种电化学传感器进行了叙述，并研究了传感器的电化学行为和电催化性质，建立了葡萄糖、过氧化氢、尿酸、多巴胺、抗坏血酸和邻苯二酚等化合物的电化学分析新方法。

全书总共分为 5 章，包括绪论、基于黄铁矿基修饰电极的电化学传感器研究、基于辉钼矿基修饰电极的电化学传感器研究、基于黄铜矿基修饰电极的电化学传感器研究、总结及展望。笔者开发的多种硫化矿新型电化学传感器不仅可以为医疗诊断、环境监测、食品领域和生命科学研究提供性能优异的检测器件和分析新方法，同时还具有潜在的应用价值。

出版本书得到了 2023 年度辽宁省教育厅高校基本科研项目（JYTQN2023236 和 JYTMS20230926）的支持，在此致以诚挚的谢意。另外，感谢辽宁科技大学课题组老师以及研究生在出版本书过程中给予的帮助，也感谢所有的参考文献作者。

鉴于笔者水平所限，书中难免存在不妥之处，真诚希望读者予以批评指正。

辽宁科技大学　马婷婷

2025 年 1 月

目　　录

1   绪   论

1.1   电化学传感器研究进展

电化学传感器因具有快速、灵敏、操作简便和小型化等优势在不同的领域引起了广泛的关注。电化学传感器是基于被测物质的电化学性质，并将被测物质的化学量转化为电学量进行传感和检测的一种电化学检测装置。电化学传感器的基本结构如图 1-1 所示。近年来，随着电化学传感器基础理论及应用研究的不断深入，电化学传感器与纳米技术、光电子学、微电子学等新学科、新技术的不断融合呈现出集成化、自动化、实用化和微型化等发展趋势，各种类型的电化学传感器不断涌现，并应用于实际检测。由于电化学传感器简便快捷，同时具有较高的灵敏度和良好的选择性，能够对所需检测物质进行快速追踪与分析，因此电化学传感器被广泛用于医疗、环境工程、食品加工、农业等领域。电化学传感器虽早已应用于各个行业，但随着新材料的不断创新和发展，电化学传感器在未来仍有广泛的应用前景。

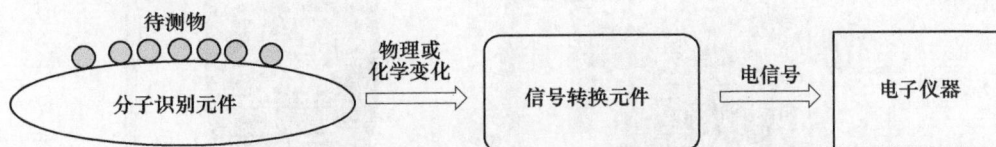

图 1-1   电化学传感器的基本结构

1.1.1   电化学传感器简介

电化学传感器因为具备灵敏度高、选择性好、检测速度快、价格低廉、使用简便、易于微型化等特性，特别是近年来在其他科学领域（如医学、生物学、化学、材料学等）的交汇融合，成为当代分析生物学的主要研究方向之一，并被广泛应用于生物工程技术、临床应用分析、食品工业、中医药工业、环境分析等领域。

电化学传感器由两个关键部分组成：识别系统与转导系统。识别系统负责与被检测物质进行选择性相互作用，并将此过程中产生的化学变化转换成相应的信号；转导系统则负责接收这些转换后的信号，并将其以电化学信号的形式传递给电子处理系统，该系统随后对信号进行增强并输出。电化学传感器的核心结构揭示了其关键在于识别层的设计与构造。通过融合多种具有独特性和高选择性的识别功能，以及电分析技术所具备的迅速响应和高灵敏特性，电化学传感器成为快速研发并直接获取复杂系统组分信息的优选分析手段。

　　电化学传感器的起源可追溯至 20 世纪 50 年代，彼时电化学传感器主要用于氧气浓度的检测。到了 20 世纪 60 年代，出现了离子选择性电极及生物酶电极传感器，电化学传感器进入了平稳发展阶段，在临床检测、环境监测、在线分析等方面得到了广泛应用。20 世纪 70 年代，研究者们采用化学方法修饰电极，通过改变电极的表面性质来控制电化学反应过程。在 20 世纪 70 年代中叶，化学修饰电极已发展成为一门新兴的学科，在电化学与电分析化学领域有着十分广阔的发展前景。化学修饰电极是指采用化学方法将具有优良化学性质的离子、分子、高分子聚合物等进行设计和改性，并修饰在电极表面，从而赋予其特殊的化学和电化学性能。近年来，该材料在环境、能源、分析、生命、电子和材料等领域得到了广泛的应用。到了 20 世纪 80 年代，电化学传感器开始被用于对各种有毒气体进行监测，而且表现出了很好的灵敏度和选择性。如图 1-2 所示为氮氧化物传感器和二氧化硫气体传感器。经过不断的发展，电化学传感器已应用到联机在线测定、多指标测定等，并在化工和环境、临床医疗、发酵工业、食品加工等领域都具有非常广阔的应用前景。

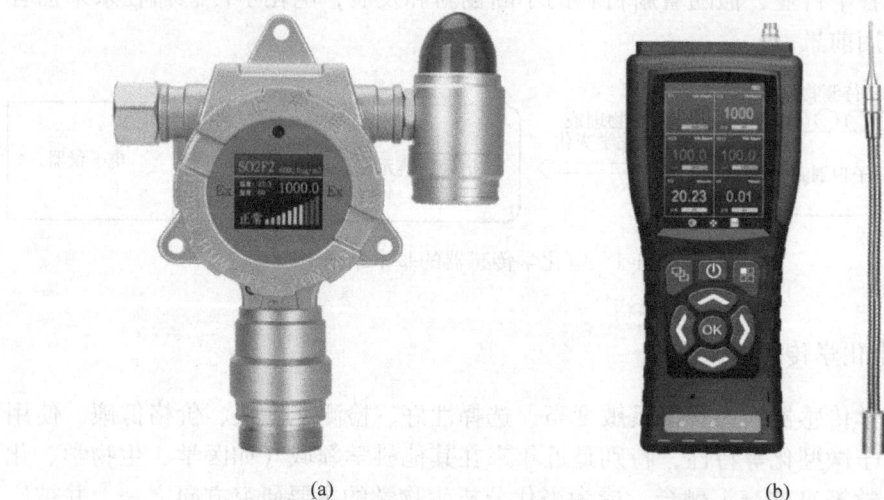

(a)　　　　　　　　　　　　　　　　　(b)

图 1-2　氮氧化物传感器（a）和二氧化硫气体传感器（b）示意图

　　随着科学技术的不断进步，电化学传感器也经历了四次变革。1962 年，Clark 教授首次提出了第一代酶生物传感器的设想。这一设想最终在 1976 年由 Uplike 和 Hicks 付诸实践，他们通过将氧电极与葡萄糖氧化酶相结合，成功研制出首支酶电极，这一突破标志着生命科学检测领域迈入了一个崭新的时代。它的工作原理是通过溶解在溶液中的氧气在电极和酶之间传递电子。被测物质的浓度是通过反应中的耗氧量来测定的。由于这类传感器的响应信号是由氧分压决定的，而被测物质中的氧分压很容易受到外界环境的影响，从而这类传感器抗干扰能力弱、稳定性差，其寿命也比较短，因此第一代生物传感器的发展受到了限制。鉴于第一代生物传感器易受氧分压波动、H_2O_2 的高过电位、氧溶解度限制以及多种干扰因素的影响，为了规避这些局限，自 20 世纪 70 年代以来，科研人员着手探索采用小分子电子传递媒介来替代氧交流酶活性中心与电极间的离子传导路径。第二代生物传感器则是利用测量试剂电流的改变来反映受质含量的改变，这一类传感器能够在完全无氧的条件中对分析样品进行测量，利用电子传递介质作为酶活性中心和电极间的电子通道。尽管基于载体的第二代生物传感器存在许多优势，但酶和电极之间的直接电子转移一直被人们所关注。第三代生物传感器是通过酶与电极之间直接电子传递来实现信号的转换。鉴于该生物传感器的工作原理独立于氧或其他电子受体，故无需额外添加介质，固定步骤得以简化，并且避免了引入有毒外源物质，是理想的生物传感器。迄今为止，过氧化物酶传感器在这一类别中占据了较多的报道篇幅。随着现代社会的不断发展，生物传感器技术也在不断更新，目前已经发展到第四代无酶电化学传感器（NEG）阶段。

1.1.2　电化学传感器的分类

电化学传感器根据所使用的相关物质和换能器的不同，具有不同的分类方法。

根据工作方式和输出信号的不同，电化学传感器可分为电流型传感器、电容型传感器、电位型传感器和电导型传感器。

电流型传感器通过维持电极与电解质溶液界面上的电位恒定，直接促使待测物质发生氧化或还原反应，其检测过程则是依据流经外部电路的电流值来进行测量和输出。电流型传感器采用三电极体系，即对电极、参比电极和工作电极。该传感器利用电极上的灵敏识别材料与溶液被测物质中的离子以及生物大分子等之间相互接触时发生反应，该反应间接或直接地引起电信号的变化，通过电化学工作站显示出该电信号的变化，进行信号比对和信号分析，得出相应的数据，工作原理如图 1-3 所示。

电容型传感器通过测量电极与电解质溶液界面间电容的变动来检测分析物质。而电位型传感器则是利用电解质溶液中物质产生的电动势作用于电极上，以此来实现对待测物质的检测。离子传感器是目前应用范围最广的电位型传感器。离子传感器通过固定在敏感薄膜表面上的离子识别材料，可以选择性地结合被感知的离子，进而调节膜电位以及薄膜电压。离子选择性电极（ISE）是一种最常见的离子传感器类型。

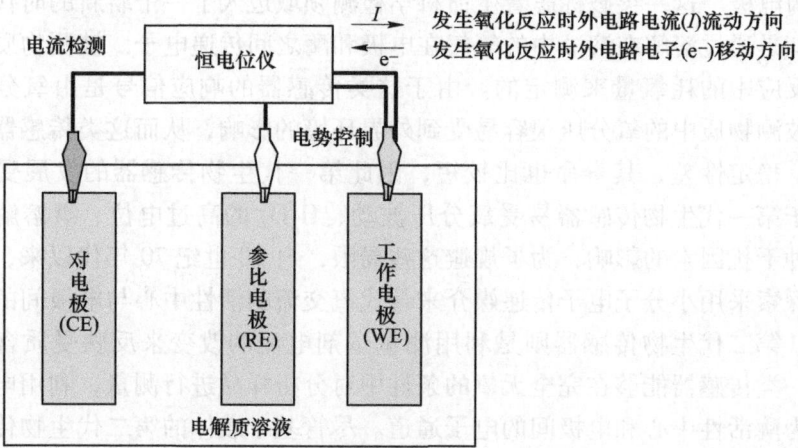

发生氧化反应时外电路电流(*I*)流动方向
发生氧化反应时外电路电子(e⁻)移动方向

图 1-3   电流型传感器工作原理

电位型传感器工作原理如图 1-4 所示。

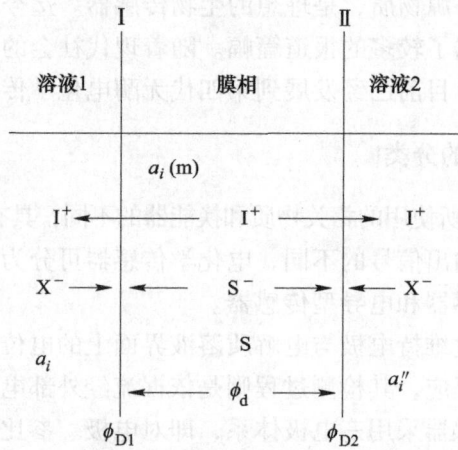

图 1-4   电位型传感器工作原理

电导型传感器是把待测物质在氧化或还原时电解质溶液导电的情况作为电信号输出，以便进行待测物质的测定。电导型传感器尽管具备很高的精度，但是选择性很小，因此实际使用较少，工作原理如图 1-5 所示。

根据传感器中敏感物质和分子识别元件的不同，电化学传感器可以分为酶生物传感器和无酶传感器等。

酶生物传感器技术是在酶固定化方法的基础上发展出来的。固定化方法主要包括化学偶联、物理吸附、共价键合以及包埋法等。酶生物传感器主要由物质识别元件（固定化酶膜）和信号转换器（底物电极）这两个主要的结构单元所组

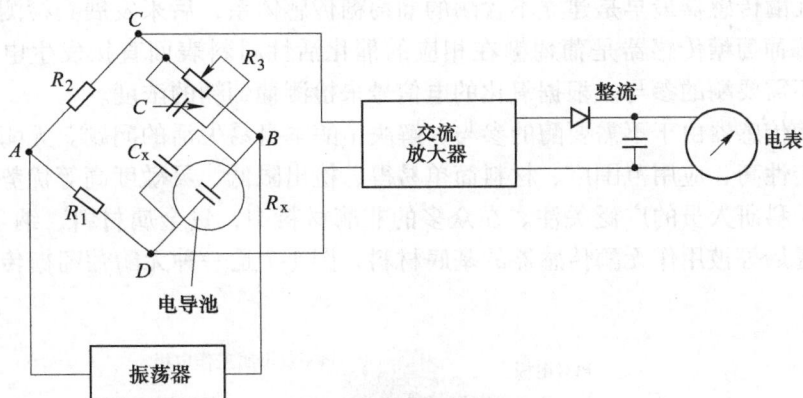

图 1-5　电导型传感器工作原理

成。当生物酶促反应出现在酶膜上之后，由其所形成的电激活物质引起了底物电极的反应，而底物电极的主要作用就是把化学反应信息转变成电信号，通过检测底物消耗或酶反应产物生成过程中发生的质子（H^+）浓度和气体（如 CO_2、O_2等）的变化来检测特定分析物的存在；接着，将这些变化转化为可测量信号进行检测。底物电极可采用碳电极（玻碳电极、石墨电极、碳硼电极等）、R 电极及相应的修饰电极。酶生物传感器中最典型的是葡萄糖酶生物传感器。酶生物传感器示意图如图 1-6 所示。

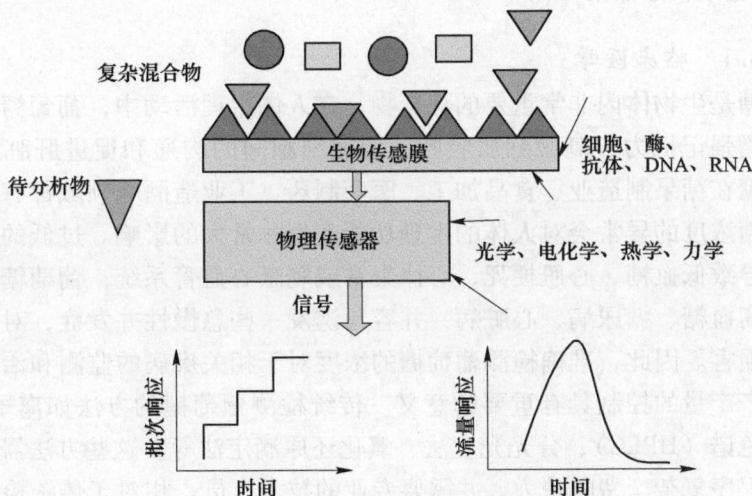

图 1-6　酶生物传感器示意图

由于酶的活性易受温度、毒性和 pH 等环境因素的影响，而且固定酶的方法有限，因此有酶传感器的应用受到了制约。无酶传感器应运而生，并成为研究的热点。无酶传感器最早是建立不含酶的葡萄糖传感体系，后来发展到检测其他物质。无酶葡萄糖传感器是葡萄糖在相应的催化活性材料表面直接发生电催化氧化，而不需要酶的参与，根据氧化的电信号来检测葡萄糖的浓度。

　　无酶传感器由于不需要酶的参与，解决了酶本身易失活的问题。无酶传感器具有稳定性高、应用范围广、材料简单易得、检出限低、灵敏度高等优势，近年来受到了科研人员的广泛关注。在众多的非酶材料中，贵金属材料、纳米材料、氧化石墨烯等被用作无酶传感器的基底材料，图1-7是一种无酶葡萄糖传感器示意图。

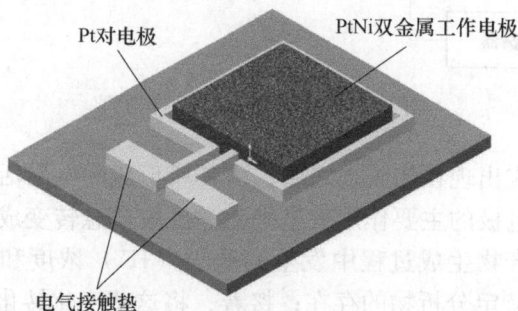

图1-7　一种无酶葡萄糖传感器示意图

1.1.3　电化学传感器的应用

1.1.3.1　临床医学

　　葡萄糖是生物体内非常重要的化合物，在人体生理活动中，葡萄糖发挥着补充能量、增强记忆力、刺激钙质吸收、增加细胞间的沟通和促进肝脏解毒的作用。葡萄糖在糖果制造业、食品加工、医药制药、工业造酒等领域都有着广泛应用。葡萄糖浓度的异常会对人体的生理功能产生非常大的影响。过低的葡萄糖浓度可能会导致低血糖、心肌梗死、心律失常或刺激心血管系统；葡萄糖浓度过高则会引起高血糖、糖尿病、心脏病，并容易诱发一些急慢性并发症，对人体健康造成严重损害。因此，准确检测葡萄糖的浓度对于相关疾病的监测和治疗决策以及工业生产产量的控制具有重要的意义。传统检测葡萄糖的方法如离子色谱法、高效液相色谱（HPLC）、分光光度法、氧化还原滴定法等，这些方法需要昂贵的设备，且程序复杂、费时费力，并需要专业的技术人员。相对于传统检测葡萄糖的方法，葡萄糖酶生物传感器已广泛应用于生产中。然而，随着温度和环境的不断变化，生物酶容易逐渐降低活性甚至失去活性，从而导致葡萄糖酶生物传感器价格成本高而使用寿命低。进入21世纪以来，众多新颖的纳米材料为无酶葡萄糖传感器的研发开辟了新路径，使得该领域的发展备受瞩目。尽管目前无酶传感器的研究仍处于实验室探索阶段，但随着研究策略的持续革新及新技术的不断精进，未来有望开发出适用于工业生产、具备优异选择性、高度稳定、高灵敏度、经济高效且寿命长的无酶葡萄糖传感器。

UA、DA 和 AA 是存在于人体当中非常重要的小分子物质。UA、DA 和 AA 一直共存于哺乳动物中枢神经系统和血清的细胞外液中，在人体新陈代谢中起着非常重要的作用。相关疾病的发生与这些活性物质的紊乱密切相关。例如尿酸的浓度偏高会引起痛风等疾病，缺乏多巴胺会容易诱发帕金森病，抗坏血酸的严重缺乏可能导致坏血病。目前，人们主要是基于酶电化学传感器检测 UA、DA 和 AA。由于酶不稳定、固定化步骤冗长、价格贵等，因此该类传感器存在重复性低、稳定性差、成本高等问题，极大地制约了其实际应用。为了摆脱酶电化学传感器存在的问题，近年来基于各类纳米材料（尤其基于碳纳米材料）构建检测 UA、DA 和 AA 的无酶电化学传感器受到人们的广泛关注。

1.1.3.2　环境监测

酚类污染物是毒性很强的有机污染物，很难降解，由于工业废水中酚类污染物的存在，地表的水极容易受到污染。酚类污染物涵盖了一系列有机污染物，其中主要的有苯酚、氨基酚、甲酚、二硝基邻甲萘酚以及五氯酚等。苯酚更是被美国国家环境保护局（EPA）列为主要污染物，由于其化学结构相对复杂，更不容易被生物降解。环境中的酚类污染物可通过食物链直接或间接地危害人类健康。此外，酚类有机污染物还会对土壤、水环境、食品安全、生态环境造成危害。电化学生物传感器在酚类污染物的测定中具有灵敏、准确和选择性高等优点，微生物电极、生物酶电极和植物组织电极是检测酚类污染物最常用的电极。

过氧化氢水溶液，又名双氧水，无色无味，被广泛应用于化工、食品、电子技术等各个领域。工业过氧化氢是一种强氧化剂，广泛应用于纺织和造纸工业。在医院里，它也被用作杀菌消毒剂来清洁伤口。在食品中加入过氧化氢，能够分解并产生氧气，实现消除异味及防腐效果。然而，过氧化氢与食物中的淀粉反应可能会生成具有致癌风险的环氧化物。此外，工业级过氧化氢中常含有重金属、砷等有害杂质，对消费者健康构成严重威胁。电化学分析法被广泛应用于过氧化氢的检测中。包括辣根过氧化物酶、肌红蛋白、血红蛋白和细胞色素 C 在内的氧化还原蛋白都已被用于制备过氧化氢传感器。

引发酸雨、酸雾污染的主要有害气体是二氧化硫（SO_2），其传统的检测方法比较复杂。当前，电化学传感器被广泛应用于监测 SO_2 的浓度。研究者如 Hart 等，通过将亚硫酸盐氧化酶与细胞色素 C 结合并修饰于丝网印刷碳电极（SPCE）的表面，开发出一种电化学型生物传感器，该传感器能够有效测量 SO_2 的浓度，其检测 SO_2 的机理如图 1-8 所示。首先，当气态二氧化硫融入丝网印刷碳电极覆盖的溶液层时，会转化为亚硫酸根离子（SO_3^{2-}）。接着，亚硫酸根离子经由亚硫酸盐氧化酶的催化作用转化为硫酸根离子（SO_4^{2-}），此过程中，酶内的亚铁血红素与 Mo-辅酶因子被还原。随后，已还原的超氧化物歧化酶（SOD）与处于氧化态的细胞色素 C 发生相互作用，导致细胞色素 C 转变为还原态，而 SOD 则重新被氧化。在最终步骤中，这些还原态的细胞色素 C 在丝网印刷碳电极表面再次被氧化，促使阳极电流增强，从而实现对 SO_2 浓度的测定。

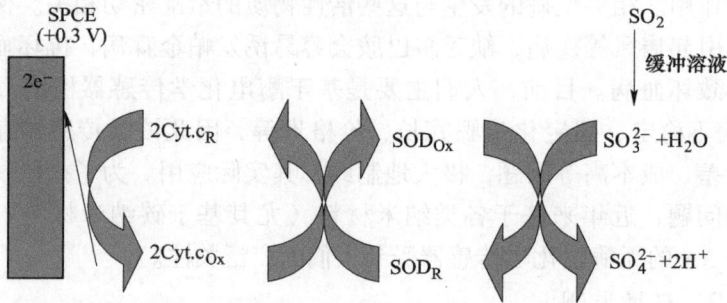

图 1-8　电化学型生物传感器检测 SO_2 机理图

1.1.3.3　食品安全检测

农药是果蔬栽培过程中用于防治病害虫和调节植物生长的化学药剂，果蔬栽培行业往往在栽培过程中对瓜果蔬菜大量喷洒农药，目的是获得更高的产量和果实质量。但农药对人体健康的危害却极大。许多农药会导致人体急性或慢性中毒，对人体器官造成不可逆的伤害。很多果蔬即使经过反复清洗，仍然会有农药残留在其中，严重威胁人们的生命安全。如今，绿色蔬菜由于农药残留较少成为人们的首选，其可以保障人们饮食上的安全。然而，很多无良商家为了获得高额的经济利润，不惜将农药超标的瓜果蔬菜贴上绿色蔬菜的标签，直接销售，这在某种程度上增大了食品安全事故发生的概率，果蔬中残留的农药可以通过生物传感器检测出来，并且具有较高的灵敏度和选择性。根据生物传感器的不同，农药残留检测灵敏度会有很大差异。一般来说，农药检测精度较高的酶生物传感器和免疫传感器可以准确检测果蔬中的农药残留，从而为市场监管提供有效依据。

近年来，食品安全事件与日俱增，发现的非法添加剂越来越多，如三聚氰胺、瘦肉精等。瘦肉精是一种动物用药，是能够促进动物瘦肉生长的饲料添加剂，从而达到增加销量的目的。但瘦肉精会被人体吸收，并且在长期的累积作用下对人体产生危害。三聚氰胺也是一种众所周知的非法添加剂，可以大大增加食品中的氮含量，并给人一种高蛋白含量的假象。人们所熟知的三聚氰胺奶粉事件，是将三聚氰胺添加到婴幼儿奶粉中以制造相对较高营养价值的奶粉假象。三聚氰胺不仅会引发肾脏结石，严重的可能会导致急性肾衰竭，含三聚氰胺的奶粉会对婴幼儿造成不可逆转伤害，国家是严格禁止在食品中添加三聚氰胺的。许多不道德的商人为了利益继续在食品中添加瘦肉精和三聚氰胺，严重损害了消费者的身心健康。电化学传感器在检测瘦肉精以及食品中的三聚氰胺的含量方面发挥着重要作用，相关部门可以利用电化学传感器及时检测食品添加剂的违规行为，并对不良商家进行惩处，从而为消费者提供更安全的保护。

肉类储存在恶劣的环境中或质量不佳，很容易被大肠杆菌感染。大肠杆菌是一种可在人体消化道中长期潜伏的病原微生物。大肠杆菌会增加食物使用者患病的概率，过量摄入会对使用者的健康造成严重损害。当人体免疫系统强健时，大肠杆菌通常不会导致重大疾病。然而，一旦因某种因素导致个体免疫力下降，无法有效对抗大肠杆菌等细菌，就可能引发重病，乃至大规模感染，进而造成社会层面的广泛担忧。因此，对肉类产品及时进行检测是预防这些细菌传播、从源头上消除隐患的关键措施。相比于传统的检测方法（检测时间长，其间肉类容易腐坏，无法出售，会给商家造成严重的经济损失），生物传感器的出现大大提高了检测效率，可以在极短的时间内确定肉类是否含有大肠杆菌或其他致病菌，极大地提高了食品安全。

1.1.4 葡萄糖电化学传感器的研究

葡萄糖在补充机体能量、肝脏解毒和增强记忆力等方面发挥着重要作用，被广泛应用于食品加工、临床应用等各个领域。然而血糖水平异常会导致糖尿病、心脏病、肾病、低血糖、中风或心血管疾病等。其中糖尿病是全球范围内对人类健康威胁最大的疾病之一，糖尿病患者人数逐年增加。因此，灵敏、准确地检测葡萄糖浓度对于相关疾病的监测和治疗以及工业过程的控制都具有重要意义。和分光光度法、荧光法、滴定法、高效液相色谱等传统分析方法相比，电化学生物传感器以灵敏度高、选择性好、成本低、生态友好、检测速度快等优点备受关注。许多功能材料，包括聚合物、贵金属纳米材料、石墨烯、溶胶-凝胶、离子液体、陶瓷基体和硫化物矿物等被用作葡萄糖传感器的基底材料。

Samphao 基于化学吸附方法将葡萄糖氧化酶（GOD）修饰在 $Fe_3O_4@Au$ 上，并固定在丝网印刷碳电极（$SPCE\{MnO_2\}$）上制备了安培型生物传感器用于测定葡萄糖，如图1-9所示。$Fe_3O_4@Au/GOD$ 修饰电极被用于流动注射分析。实验在安培模式下进行，所设计的生物传感器采用 FIA 排列，葡萄糖的线性动态范围为 $0.2\sim9.0$ mmol/L，检出限为 0.1 mmol/L，灵敏度为 2.52 $\mu A \cdot mmol^{-1} \cdot L \cdot cm^{-2}$，同时具有良好的重复性和再现性。研究发现，$Fe_3O_4@Au$ 不仅使酶的固定化更简单，而且提供了更宽的线性范围。将该生物传感器应用于糖浆、蜂蜜和能量饮料的 FIA 葡萄糖定量检测，结果与光学葡萄糖计测定的浓度和生产商申报的浓度一致。

Derya 介绍了 MoS_2/壳聚糖复合改性铅笔石墨电极（MoS_2/壳聚糖/PGE）的

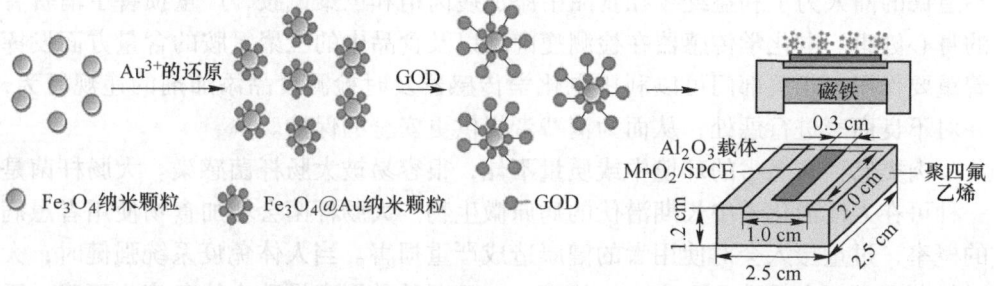

图 1-9 Fe$_3$O$_4$@Au/GOD/SPCE{MnO$_2$} 生物传感器示意图

制备及其用葡萄糖氧化酶固定电极（MoS$_2$/壳聚糖/GOD/PGE）作为葡萄糖生物传感器的应用，如图 1-10 所示。将该电极与未改性电极的电化学性能进行了比较。改性的葡萄糖生物传感器具有良好的电催化活性和较高的灵敏度；葡萄糖浓度在 0~800 μmol/L 范围内与电流值呈现良好的线性关系，检出限（LOD）为3.18 μmol/L。在多巴胺和抗坏血酸的存在下对该生物传感器进行了测试，结果表明该新型 MoS$_2$/壳聚糖/GOD/PGE 作为葡萄糖生物传感器具有很高的选择性。

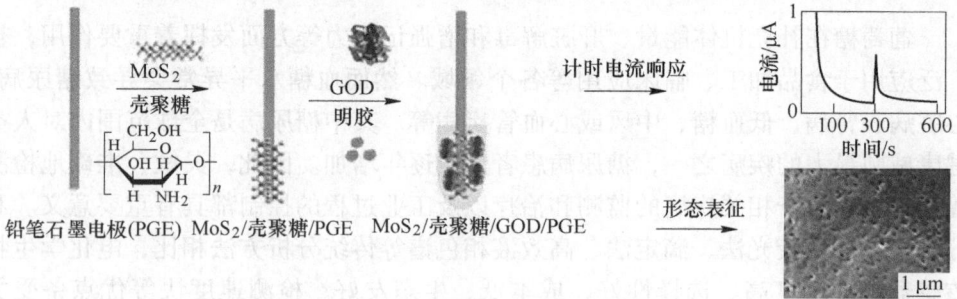

图 1-10 MoS$_2$/壳聚糖/GOD/PGE 生物传感器示意图

图 1-10 彩图

Peng 等通过将葡萄糖氧化酶包裹在二茂铁（Fc）分支有机改性二氧化硅材料/壳聚糖/氧化石墨烯（GO）纳米复合材料中，成功构建了葡萄糖生物传感器。该传感器的氧化机理如图 1-11 所示。结果表明，所提出的电化学平台不仅提供了较好的微环境来维持固定化酶的生物活性，而且有效地避免了酶和介质从基质中泄漏，保持了 Fc 的电化学活性。此外，将氧化石墨烯分散在 Fc 分支有机改性二氧化硅材料/壳聚糖基质中，可以显著提高氧化石墨烯的稳定性，使其呈现正电荷，更有利于负载较高的生物分子（如 GOD）的进一步固定。此外，它还能提高基体膜的导电性，促进电子在介质与电极之间的穿梭。所设计的葡萄糖生物传感器的浓度线性检测范围为 0.02~5.39 mmol/L，检出限为 6.5 μmol/L。说明该酶生物传感器对葡萄糖具有很好的检测效果。该方

法可有效地用于制备新型生物传感器过程中其他氧化还原介质的连接和其他生物分子的固定化。

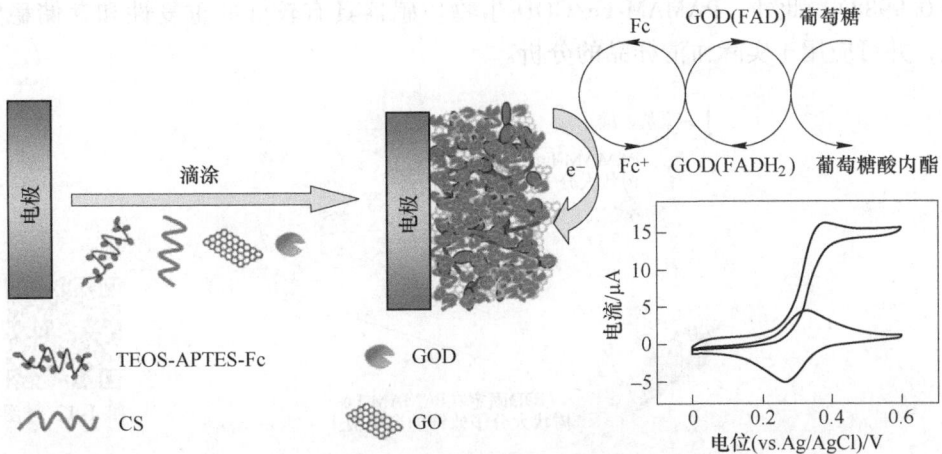

图 1-11　GOD/TEOS-APTES-Fc/CS/GO 修饰电极及其在 GOD 催化
和 Fc 介导下葡萄糖氧化的机理示意图

Lin 等研究采用亲水、带正电的 α-聚赖氨酸（αPLL）作为包封基质，将带负电的葡萄糖氧化酶和铁氰化物（FIC）固定在 SPCE 上，构建了一次性的第二代葡萄糖生物传感器。αPLL 修饰有利于 FIC 和亚铁氰化物在 SPCE 上的氧化还原动力学。GOD、FIC 和 αPLL 包被的 SPCE 具有较好的葡萄糖检测灵敏度，这是由于 αPLL 质子化对 GOD 和 FIC 之间的电子转移有显著的促进作用。将包被 GOD、FIC 和 αPLL 的 SPCE 包装为血糖试纸，用于人的血清样品中葡萄糖浓度的测定。葡萄糖测试带在 2.8~27.5 mmol/L 之间与电流值具有良好的线性关系，检出限为 2.3 mmol/L。此外，αPLL 基葡萄糖测试带在 50 ℃ 的老化测试中 GOD 仍旧保持较好的活性并具有良好的长期稳定性。

Jiang 等报道了一种基于有序介孔碳（OMC）负载铂纳米颗粒（Pt/OMC）修饰电极的新型安培型葡萄糖生物传感器。首先用电聚合吡罗膜包埋固定化葡萄糖氧化酶，然后将包埋后的 GOD 修饰在 Pt/OMC 上构建 Pt/OMC/GOD 纳米传感器。修饰电极对葡萄糖表现出良好的电催化活性。该生物传感器在低检测浓度（0.05 mmol/L）、高灵敏度（0.38 μA·mmol^{-1}·L）和宽线性范围（0.05~3.70 mmol/L）具有良好的分析性能。该传感器可应用于实际血液分析。

Mehmet 将葡萄糖氧化酶固定在 PAMAM-Fc 树状大分子修饰的金电极上，制备了一种新型安培型葡萄糖生物传感器，如图 1-12 所示。合成了一系列不对称的 PAMAM 树状大分子，在这些大分子的焦点处含有一个二茂铁单元。用偶联剂分别对金电极表面进行了 3-巯基丙酸、PAMAM-Fc 树状大分子和 GOD 的共价修饰。PAMAM-Fc/GOD 生物传感器对葡萄糖表现出优异的电催化性能，同时具有较高的灵敏度和较短的响应时间，还有 $1 \sim 22$ mmol/L 的较宽线性浓度范围（R^2 为 0.9988）。此外，PAMAM-Fc/GOD 生物传感器具有较好的重复性和存储稳定性，并可应用于实际血清样品的分析。

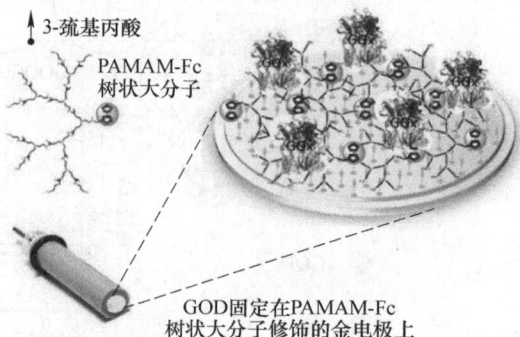

图 1-12　GOD 固定金电极表面示意图

Lawrence 开发了一种简单的低成本"绿色"生物传感器，将葡萄糖氧化酶固定在亲水纤维素纸圆盘上，然后放置在丝网印刷碳电极上，制备过程如图 1-13 所示。这种生物传感器允许对低容量葡萄糖样品（5 μL）进行分析。用纤维素纸作为磷酸盐缓冲溶液和可溶二茂铁单羧酸介质的预储存试剂基质。该生物传感器的葡萄糖线性动态校准范围为 $1 \sim 5$ mmol/L，检出限为 0.18 mmol/L，4 个月后仍保留 98% 的信号。此外，该传感器可用于饮料中葡萄糖浓度的分析。该生物传感器获得的葡萄糖浓度与独立的高效液相色谱（HPLC）方法所得结果相吻合。

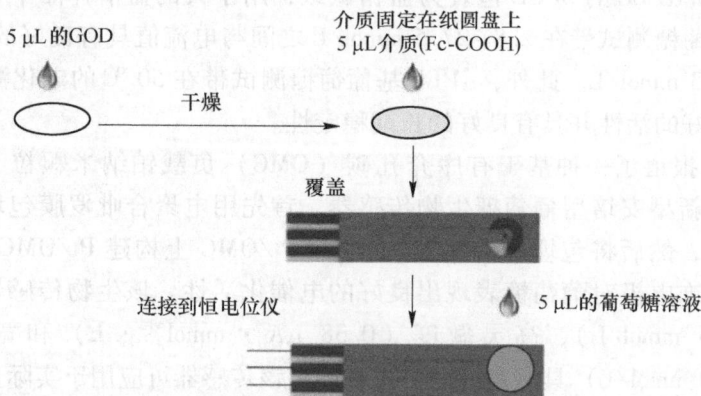

图 1-13　纸圆盘的制备及与 SPCE 的集成

Parlak 等报道了将一种纳米颗粒结构的 MoS_2 纳米片作为理想的半导体界面，它能够在电极表面形成均匀层，用于金纳米颗粒的组装。制备的 MoS_2/AuNPs/GOD

电化学传感器可以对葡萄糖浓度进行检测，电化学反应机理如图 1-14 所示。由于径向扩散的优势，这不仅增强了电催化反应，而且还提供了优良的电化学性能，如高电荷密度、高电流密度和电子迁移率，以及更快的质量传输。所制备的 MoS_2/AuNPs/GOD 电化学生物传感器对葡萄糖的线性检测范围为 $0.25 \sim 13.2$ mmol/L，检出限为 0.042 μmol/L（$S/N=3$），灵敏度为 13.80 μA·μmol^{-1}·L·cm^{-2}。

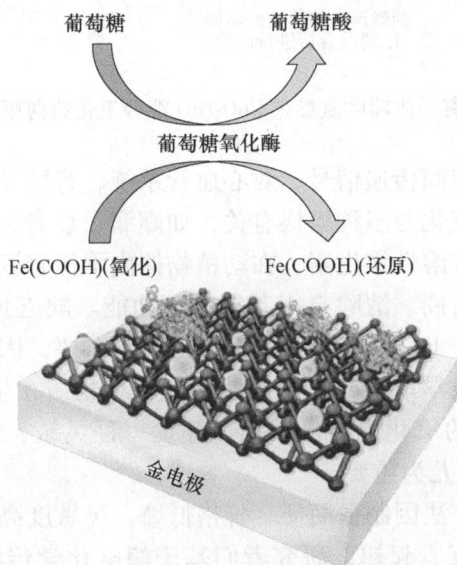

图 1-14 彩图

图 1-14　金纳米颗粒在 MoS_2 界面上的结构和金电极上

MoS_2/AuNPs/GOD 杂化结构中介导的电子转移过程示意图

Maghmood 等研究了等离子体辅助氮掺杂 CuO-NiO 混合氧化物薄膜。所制备的薄膜被用于葡萄糖传感器，制备过程如图 1-15 所示。等离子体点火过程中产生的氮物质有利于 CuO 向 Cu_2O 的相变。利用 XRD、SEM、EIS 等表征技术对传感材料的形貌、结构特征和电学性能进行了研究。电化学测试表明，所研制的传感器（标记 N-CuO/Cu_2O：NiO）具有超快的响应时间（2.5 s）和高灵敏度（1131 mA·mmol^{-1}·L·cm^{-2}）。在 0.1 mol/L 的 NaOH 电解质溶液中，当施加电位为 0.67 V 时，该传感器对葡萄糖检测的线性范围可达 2.74 mmol/L，检出限为 20 μmol/L。同时该传感器对葡萄糖具有良好的选择性。与原始 CuO 和 CuO：NiO 混合氧化物相比，N-CuO/Cu_2O：NiO 的电化学性能明显增强。

1.1.5　尿酸、多巴胺、抗坏血酸传感器的研究

尿酸是嘌呤的代谢物，是生理过程中重要的生化分子，存在于血液、尿液等生物体液中。人体尿酸水平异常可导致高尿酸血症、痛风等疾病。多巴胺是一种

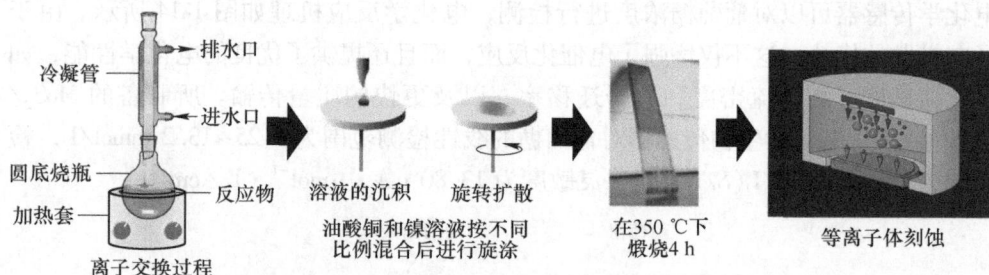

图 1-15　等离子体辅助氮掺杂 CuO-NiO 混合氧化物薄膜制备示意图

神经递质，负责在细胞间传递信号，对心血管系统、肾脏及内分泌系统等均起着关键作用。其浓度的变化与多种疾病有关，如癫痫、衰老、精神分裂症和帕金森病。抗坏血酸是一种水溶性维生素，在动植物体内承担着调控氧化还原代谢过程的功能，具有解毒、防癌、清除自由基等生理功能。缺乏抗坏血酸易患坏血病。准确监测血液或尿液中 UA、DA 和 AA 的浓度非常重要，因为这些浓度可以作为人体内相关疾病的有效早期预警信号。然而这三种物质在生物体中总是共存的，它们表现出几乎相同的氧化电位。因此，开发一种灵敏、快速且可以同时检测 UA、DA 和 AA 的方法尤为重要。

近年来，电化学方法因制备简便、价格低廉、灵敏度高、响应速度快等特点而受到人们的广泛研究。起初，研究者们基于酶电化学传感器检测 UA、DA 和 AA，但是由于酶价格昂贵、固定化步骤繁杂、性质不稳定等，存在传感器成本高、重复性低、稳定性差等问题，限制了其实际应用。为了摆脱酶电化学传感器存在的问题，近年来的研究多基于碳纳米材料、金属配合物、纳米颗粒、碳纳米管、石墨烯、MoS_2 和导电聚合物来构建检测 UA、DA 和 AA 的无酶电化学传感器，以提高检测灵敏度。

Jiang 等通过一步热还原法制备了还原氧化石墨烯（rGO）负载 Au@Pd 的纳米复合物，如图 1-16 所示，可用于同时和单独检测 UA、DA 和 AA。由于 rGO 优异的导电性和 Au@Pd 纳米颗粒较好的催化活性，该电极对 UA、DA 和 AA 的氧化峰区分良好，峰电流增强。单项检测时，UA、DA 和 AA 浓度的线性响应范围为 0.02~500 mmol/L、0.01~100 mmol/L 和 0.1~1000 mmol/L，检出限分别为 0.005 mmol/L、0.002 mmol/L 和 0.02 mmol/L（$S/N=3$）。UA、DA 和 AA 浓度同步变化的同时检测，线性范围为 0.1~350 mmol/L、0.1~100 mmol/L 和 1~800 mmol/L，检出限分别为 0.02 mmol/L、0.024 mmol/L 和 0.28 mmol/L（$S/N=3$）。该传感器可应用于尿样中 UA、DA 和 AA 的检测。

Zhang 等采用一锅法制备了还原氧化石墨烯-氧化锌（rGO-ZnO）纳米复合材料，并将其修饰在玻碳电极上。如图 1-17 所示，该传感器可以同时对 AA、DA 和

(a)

(b)

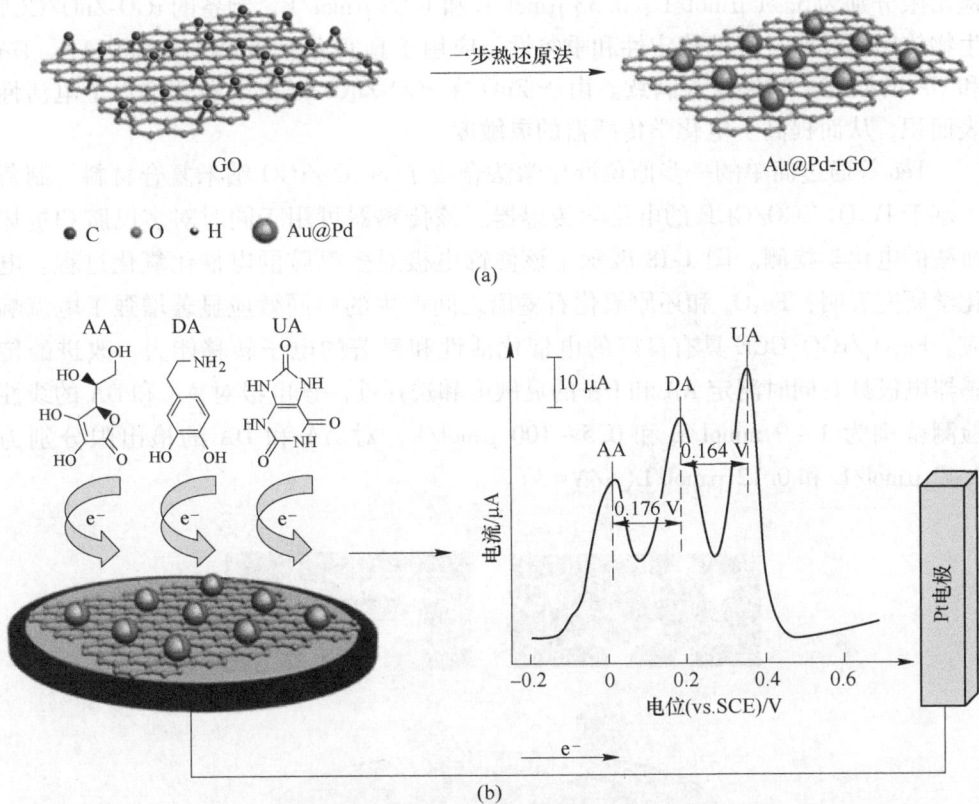

图 1-16　Au@ Pd-rGO 纳米复合材料的制备（a）和 Au@ Pd-rGO/GCE
传感器同时测定 AA、DA 和 UA（b）

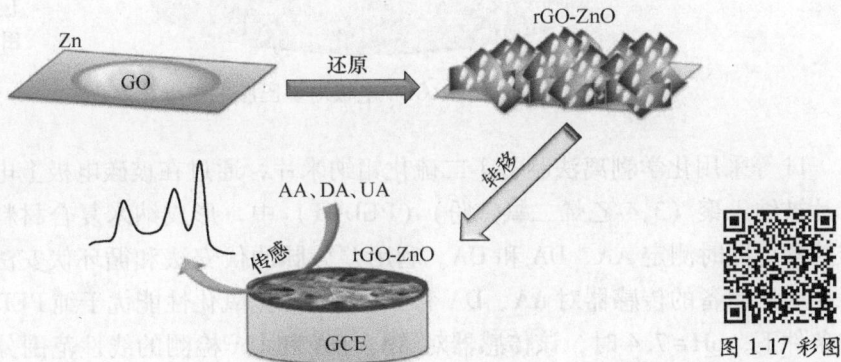

图 1-17　rGO-ZnO/GCE 电化学生物传感器的制备示意图

UA 这些生物分子进行电化学检测，表现出三个高分辨率的伏安峰。电流与检测物浓度在 50~2350 μmol/L、1~70 μmol/L 和 3~330 μmol/L 范围内呈线性关系，检出限分别为 3.71 μmol/L、0.33 μmol/L 和 1.08 μmol/L。制备的 rGO-ZnO/GCE 生物传感器具有良好的稳定性和重复性，应用于真实血液和尿液样品中 AA、DA 和 UA 的检测，结果令人满意。由于 ZnO 在 rGO-ZnO/GCE 中显著增大了电活性表面积，从而提高了电化学传感器的灵敏度。

Teo 等通过简单的一步原位湿化学法合成了 Fe_3O_4/rGO 纳米复合材料，制备了基于 Fe_3O_4/rGO/GCE 的电化学传感器。该传感器可用于同时对多巴胺和抗坏血酸的电化学检测。图 1-18 展示了该修饰电极对多巴胺的电催化氧化过程。电化学研究表明：Fe_3O_4 和还原氧化石墨烯之间产生的协同效应显著增强了电流响应。Fe_3O_4/rGO/GCE 具有良好的电催化活性和显著的电子转移能力。改进的传感器电极具有同时测定 AA 和 DA 的灵敏度和选择性。该电极对 AA 和 DA 的线性检测范围为 1 ~ 9 mmol/L 和 0.5 ~ 100 μmol/L，对 AA 和 DA 的检出限分别为 0.42 μmol/L 和 0.12 μmol/L（S/N=3）。

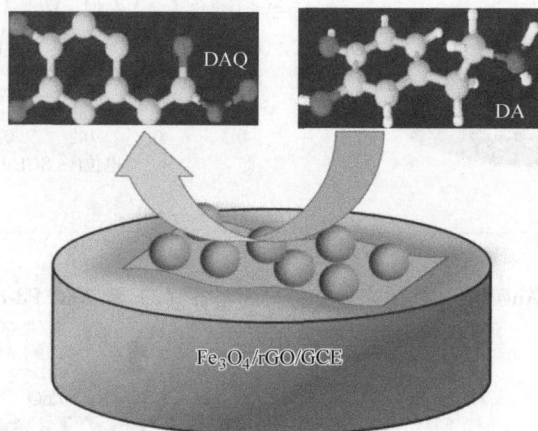

图 1-18 彩图

图 1-18　Fe_3O_4/rGO/GCE 电极对多巴胺的电催化氧化

Li 等采用化学剥离法制备了二硫化钼纳米片，通过在玻碳电极上电沉积，纳米片被纳入聚（3,4-乙烯二氧噻吩）（PEDOT）中，形成纳米复合材料。制成的传感器可同时测定 AA、DA 和 UA。利用差分脉冲伏安法和循环伏安法分析，结果表明所制备的传感器对 AA、DA 和 UA 的电催化氧化性能优于纯 PEDOT。在最佳条件下，pH=7.4 时，该传感器对 AA、DA 和 UA 检测的线性范围分别为 20 ~ 140 μmol/L、1 ~ 80 μmol/L 和 2 ~ 25 μmol/L；检出限分别为 5.83 μmol/L、0.52 μmol/L 和 0.95 μmol/L。将该传感器应用于人体尿液样品中 AA、DA 和 UA 三种物质的检测，得到了满意的结果。

Sun 等采用电沉积法制备了 AuNPs@ MoS_2 纳米复合材料，开发了一种可以单独或同时检测 AA、DA 和 UA 的电化学传感器，如图 1-19 所示。AuNPs@ MoS$_2$ 纳米复合材料的性能优于纯 AuNPs 和 MoS$_2$。该传感器对 DA、UA 和 AA 表现出了优异的电催化活性，并能很好地区分这三种物质的氧化峰。在最佳条件下，AuNPs@ MoS$_2$ 修饰电极检测 AA、DA 和 UA 的结果分别在 50 ~ 100000 μmol/L、0.05 ~ 30 μmol/L 和 50 ~ 40000 μmol/L 浓度范围内呈线性电流响应；检出限分别为 100 μmol/L、0.05 μmol/L 和 10 μmol/L。该传感器已成功地应用于测定人血清样品中的 DA，结果令人满意。

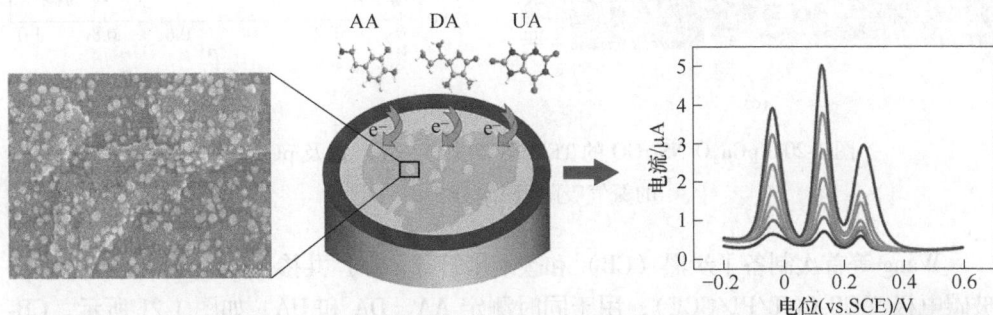

图 1-19 AuNPs@ MoS$_2$ 传感器示意图

图 1-19 彩图

Mei 等以十六烷基三甲基溴化铵为封端剂、L-谷氨酸为还原剂，采用溶剂热法将多孔氧化亚铜纳米球沉积在还原性氧化石墨烯（pCu$_2$O NS-rGO）上，用 pCu$_2$O NS-rGO 修饰玻碳电极。用透射电镜等方法对该纳米材料进行了表征，如图 1-20 所示。该电极可同时对 DA 和 UA 进行电化学检测，但对 AA 没有电流响应。两种物质峰值被分开 130 mV。该电极对 DA 和 UA 在 0.05 ~ 109 μmol/L 和 1.0 ~ 138 μmol/L 浓度范围内显示出良好的线性电流响应，检出限分别为 15 nmol/L 和 112 nmol/L(S/N = 3)。

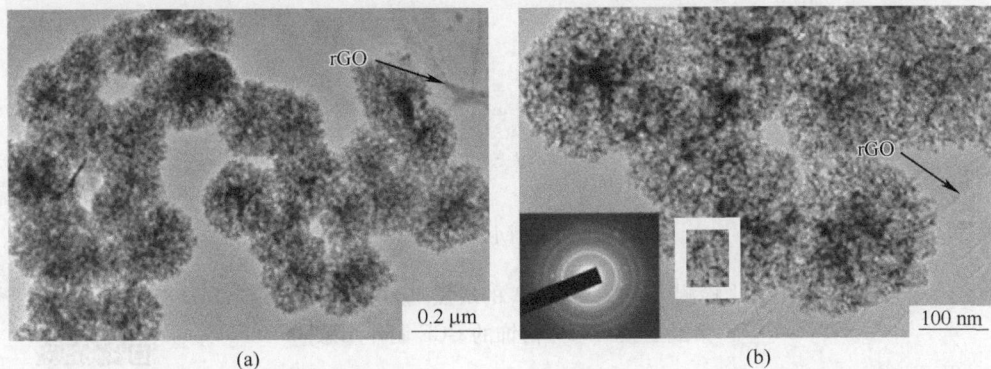

(a)　　　　　　　　　　　　　　(b)

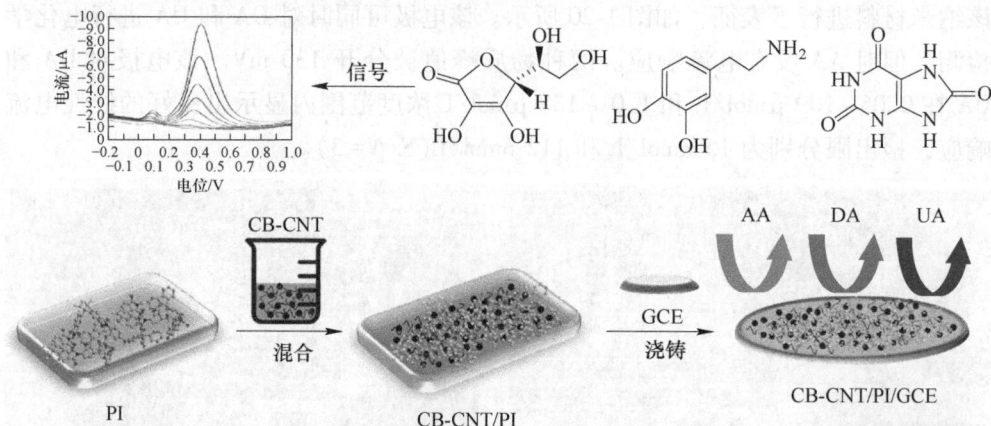

(c)

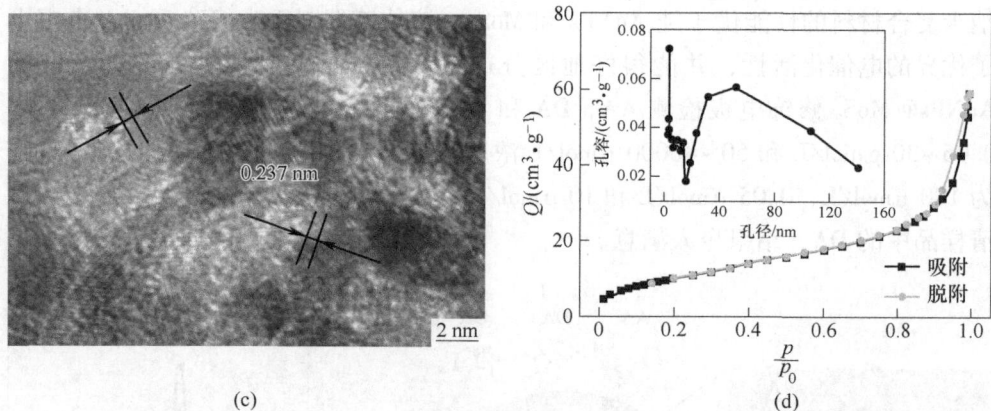

(d)

图 1-20 pCu₂O NS-rGO 的 TEM 图像 （a）~（c）以及 pCu₂O NS-rGO
的氮气吸附-脱附分析图 （d）

Wang 等首次制备了炭黑（CB）和碳纳米管（CNT）共掺杂聚酰亚胺（PI）修饰玻碳电极（CB-CNT/PI/GCE），用于同时测定 AA、DA 和 UA，如图 1-21 所示。CB-CNT/PI/GCE 表现出持久的电化学行为和良好的催化活性。采用差分脉冲伏安法和循环伏安法对 AA、DA 和 UA 的三元混合物进行同时测定，实验结果表明 AA 与 DA、DA 与 UA 的峰值分离分别达到 166 mV 和 148 mV；CB-CNT/PI/GCE 对 DA 和 UA 具有较高的灵敏度，检出限分别为 1.9 μmol/L 和 3 μmol/L。此外，CB-CNT/PI/GCE 具有足够的选择性和长期稳定性，可用于检测人尿液样品中的 AA、DA 和 UA。

图 1-21 检测 AA、DA 和 UA 的炭黑-碳纳米管（CB-CNT）/
聚酰亚胺（PI）修饰的 GCE 制作示意图

图 1-21 彩图

Yan 等在三维石墨烯泡沫（GF）上制备了垂直排列的 ZnO 纳米线阵列（ZnO NWAs），如图 1-22 所示；并利用差分脉冲伏安法选择性地检测了 UA、DA 和 AA。优化后的 ZnO NWAs/GF/ITO 电极具有高比表面积和高选择性，对 UA 和 DA 的检出限为 1 nmol/L。Yan 等认为，对于一组给定的电极，生物分子的最低未占据轨道和最高已占据轨道之间的间隙差可以解释氧化电位的高选择性。该方法可用于进一步检测帕金森病患者血清中 UA 的水平。

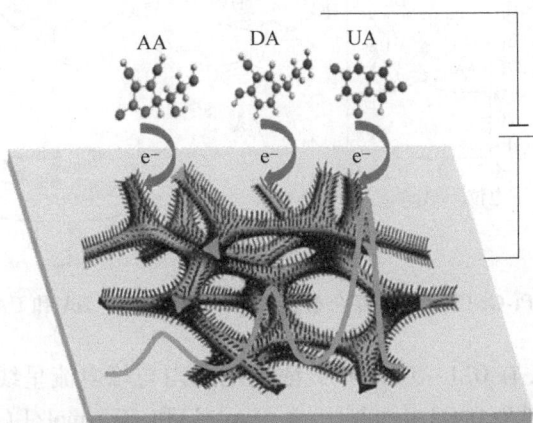

图 1-22　ZnO NWAs/GF/ITO 电极对 AA、DA 和 UA 的检测

Ramakrishnan 等通过射频化学气相沉积（RF-CVD）合成了铂纳米粒子修饰的石墨烯和碳纳米管纳米复合材料（Pt-Gr-CNT），如图 1-23 所示。在循环伏安法（CV）和差分脉冲伏安法（DPV）研究中，Pt-Gr-CNT 修饰的 GCE 对 AA、DA 和 UA 具有较高的电催化氧化活性。CV 分析结果显示 AA、DA 和 UA 氧化峰分离良好。采用 DPV 同时检测 AA、DA 和 UA，在 $200 \sim 900$ μmol/L、$0.2 \sim 30$ μmol/L、$0.1 \sim 50$ μmol/L 的浓度范围内，分别在 0.186 μA·μmol^{-1}·L·cm^{-2}（AA）、9.199 μA·μmol^{-1}·L·cm^{-2}（DA）、9.386 μA·μmol^{-1}·L·cm^{-2}（UA）表现出良好的线性和敏感性。采用 Pt-Gr-CNT/GCE 同时检测维生素 C 片、人血清和尿样溶液中的三种生物分子（AA、DA 和 UA），回收率为 93%～101%，极富发展前景。

Sun 等开发了一种新型的 SnO$_2$ 纳米粒子/多壁碳纳米管复合碳糊电极（NanoSnO$_2$/MWCNTs/CPE），该电极能够利用循环伏安法和差分脉冲伏安法同时高效地检测多巴胺、尿酸和抗坏血酸。这种新型的 NanoSnO$_2$/MWCNTs/CPE 展现出对 DA、UA 和 AA 优异的电化学催化性能。在最优条件下，采用循环伏安法和差分脉冲伏安法可以将三种化合物（DA、UA 和 AA）在电极上完全分离。与循环伏安法相比，差分脉冲伏安法分析峰电位分离更大，并且具有更高的 DA、UA 和 AA 的响应灵敏度。在差分脉冲伏安法分析中，DA 在 $0.3 \sim 50$ μmol/L、UA 在

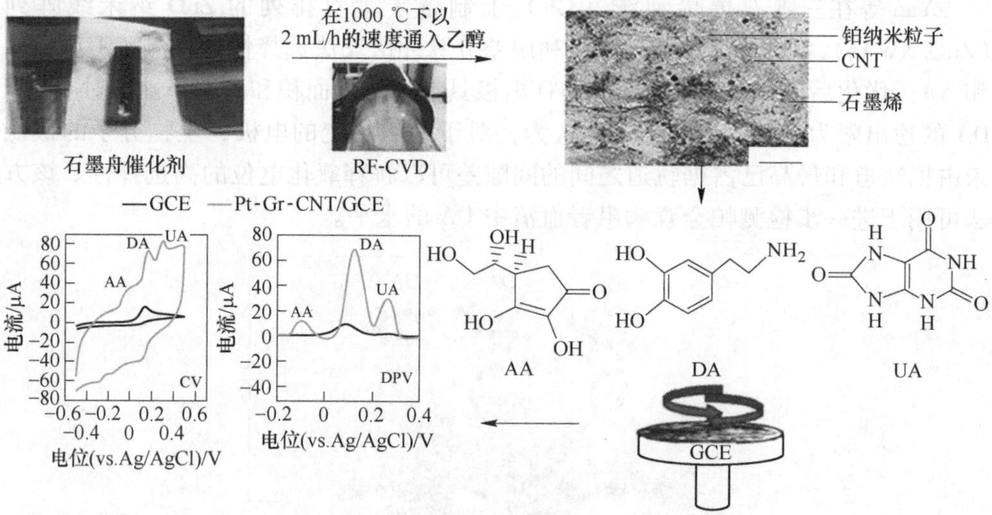

图 1-23　Pt-Gr-CNT 纳米复合材料的合成及对 AA、DA 和 UA 的检测

3~200 μmol/L、AA 在 0.1~5 mmol/L 浓度范围内与峰电流呈线性关系，DA、UA 和 AA 的检出限分别为 0.03 μmol/L、1 μmol/L 和 50 μmol/L（$S/N=3$）。该方法可应用于人尿液样品中 DA、UA 和 AA 的同时检测。

　　Feng 等设计了几种简单的电化学传感器，用于尿酸、多巴胺和抗坏血酸的检测。其将血红素、Fc（Cys）$_2$ 和 Fc-ECG 这三种功能材料电解沉积在玻碳电极（GCE）上，无需其他介质。采用 SEM、TEM 和 DPV 等方法对改性电极进行表征，结果表明血红素/GCE 对磷酸缓冲液中 DA、AA 和 UA 的氧化表现出明显的电催化能力。在最佳条件下，AA、DA 和 UA 在 10~50 μmol/L、5~20 μmol/L 和 2.5~20 μmol/L 浓度范围内均具有良好的线性电流响应，检出限分别为 0.76 μmol/L、0.50 μmol/L 和 0.63 μmol/L。以上结果说明血红素直接修饰的 GCE 是测定实际样品中 UA、DA 和 AA 的良好电化学传感器。

1.1.6　邻苯二酚电化学传感器的研究

　　邻苯二酚（catechol，CC）是一种有机化合物，在染料、农药及化妆品等多个领域有着广泛应用。然而，它被归类为 2B 类致癌物质，对环境和人体健康构成了重大风险，因此已被中国、美国环保局及欧盟视为重点管控的污染物。传统检测 CC 的方法，如荧光光谱法、高效液相色谱、pH 流动注射分析法、同步荧光法等，一般具有样品前处理繁琐、灵敏度低、检测成本高和耗费时间长等缺点。电化学分析方法由于检测灵敏度高和分析快速便携而得到了长足的发展。许多基于酚氧化酶的生物传感器被开发出来，为监测酚类物质提供了一种有吸引力的替代方案。

Shadakshar 通过将粗多酚氧化酶（PPO）固定在石墨（Gr）电极上，开发了一种用于邻苯二酚检测的高灵敏度和选择性电化学生物传感器。该电极采用石墨烯纳米带（GNRs）修饰，饰以绿色合成银纳米颗粒（AgNPs），如图 1-24 所示。采用循环伏安法（CV）和电化学阻抗谱（EIS）技术对 Gr/GNRs/AgNPs/PPO 生物传感器的制备过程进行了表征。在优化的条件下，所研制的传感器对邻苯二酚的检测表现出良好的电催化活性，这是由于电极基体中加入了 GNRs 和 AgNPs，从而导致了更高的电子转移率。该传感器具有较宽的检测范围（2～2300 μmol/L）和较低的检出限。在常见干扰物质存在的情况下，该传感器对邻苯二酚的检测也显示出优越的选择性。该传感器可应用于实际样品的分析检测。

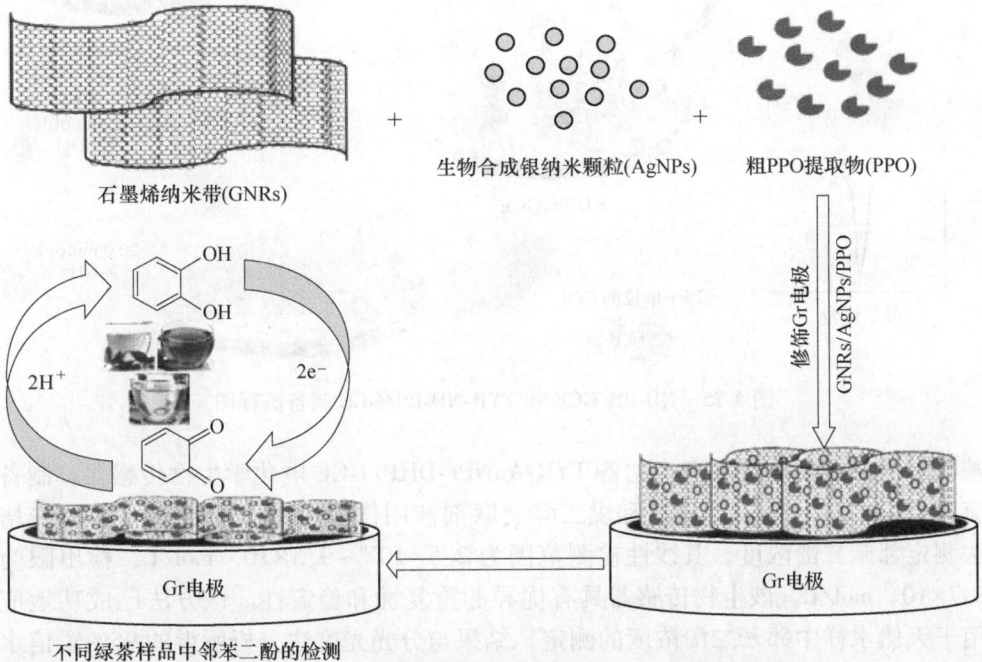

图 1-24 Gr/GNRs/AgNPs/PPO 生物传感器的制备流程图

Jéssic 等证明了碳纳米金刚石（ND）可以与马铃薯淀粉（PS）结合，并以均匀的粗糙薄膜的形式沉积在玻碳电极上，制备流程如图 1-25 所示。通过改变 ND/PS 相对浓度调节电分析性能。ND-PS 膜作为固定酪氨酸酶（TYR）的基质，得到的 TYR-ND-PS/GCE 生物传感器适用于差分脉冲伏安法检测邻苯二酚，检出限为 3.9×10^{-7} mol/L，范围为 $5.0 \times 10^{-6} \sim 7.4 \times 10^{-4}$ mol/L。该传感器可以用来检测河流和自来水样品中的邻苯二酚。此外，ND-PS 基质可扩展用于固定化其他酶和生物分子，从而为生物传感提供了一个潜在的生物兼容平台。

Fernando 提出了将金纳米颗粒（AuNPs）和酪氨酸酶（TYR）以及二十六烷

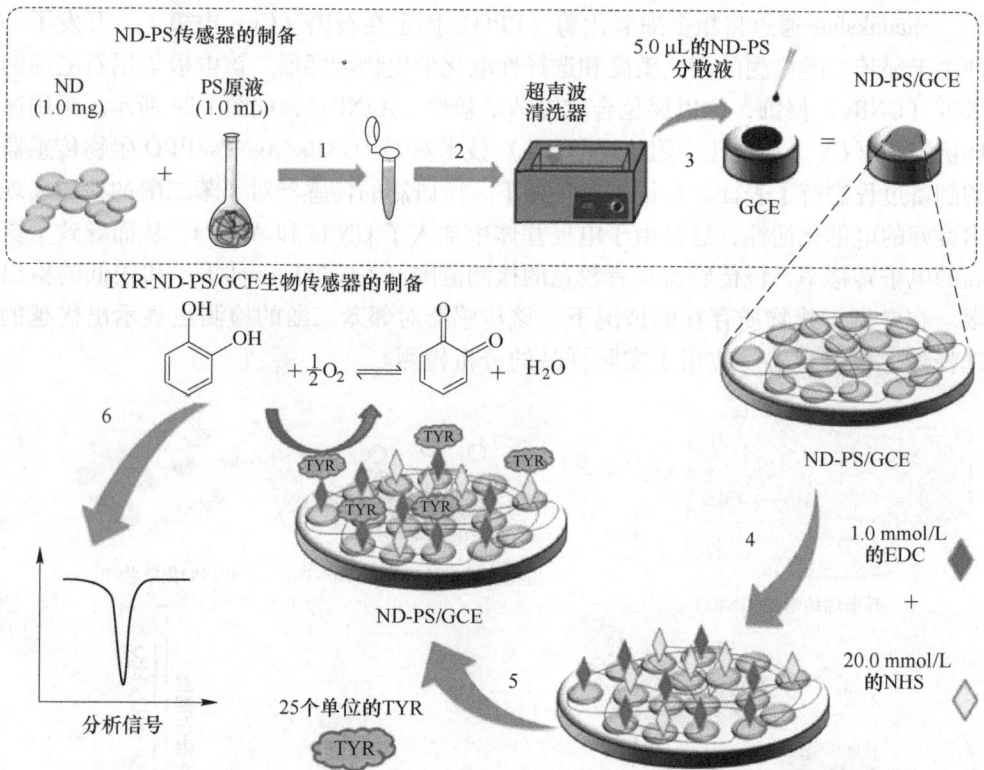

图 1-25　ND-PS/GCE 和 TYR-ND-PS/GCE 制备流程图

基磷酸膜修饰在玻碳电极上制备 TYR-AuNPs-DHP/GCE 电化学生物传感器，制备流程如图 1-26 所示。半胱胺和戊二醛交联剂被用作固定 TYR 的载体。采用安培法测定邻苯二酚浓度，其线性检测范围为 $2.5\times10^{-6}\sim9.5\times10^{-5}$ mol/L，检出限为 1.7×10^{-7} mol/L。该生物传感器具有优异的重复性和稳定性。该方法已成功地应用于天然水样中邻苯二酚浓度的测定，结果与分光光度法分析所得的 95% 置信水平一致。

Song 等将 1-芘丁酸琥珀酰咪酯（PASE）吸附在氧化石墨烯（GO）薄片上，酪氨酸酶与金纳米颗粒（TYR-Au）形成共价键，随后 TYR-Au 被固定在 PASE-GO 薄片上，形成生物相容性纳米复合材料，该复合材料被进一步涂覆在酶基丝网印刷电极（SPE）的工作电极表面，制备流程如图 1-27 所示。由于 GO-Au 一体化的协同效应和混合材料良好的生物相容性，所制备的生物传感器（TYR-Au/PASE-GO/SPE）可以用来检测邻苯二酚浓度，并且具有快速安培响应、高灵敏度和良好的存储稳定性。该传感器对邻苯二酚浓度在 $8.3\times10^{-8}\sim2.3\times10^{-5}$ mol/L 范围内线性电流响应良好，检出限为 2.4×10^{-8} mol/L（$S/N=3$），该酪氨酸酶生物传感器具有快速、经济、可现场分析酚类化合物的巨大潜力。

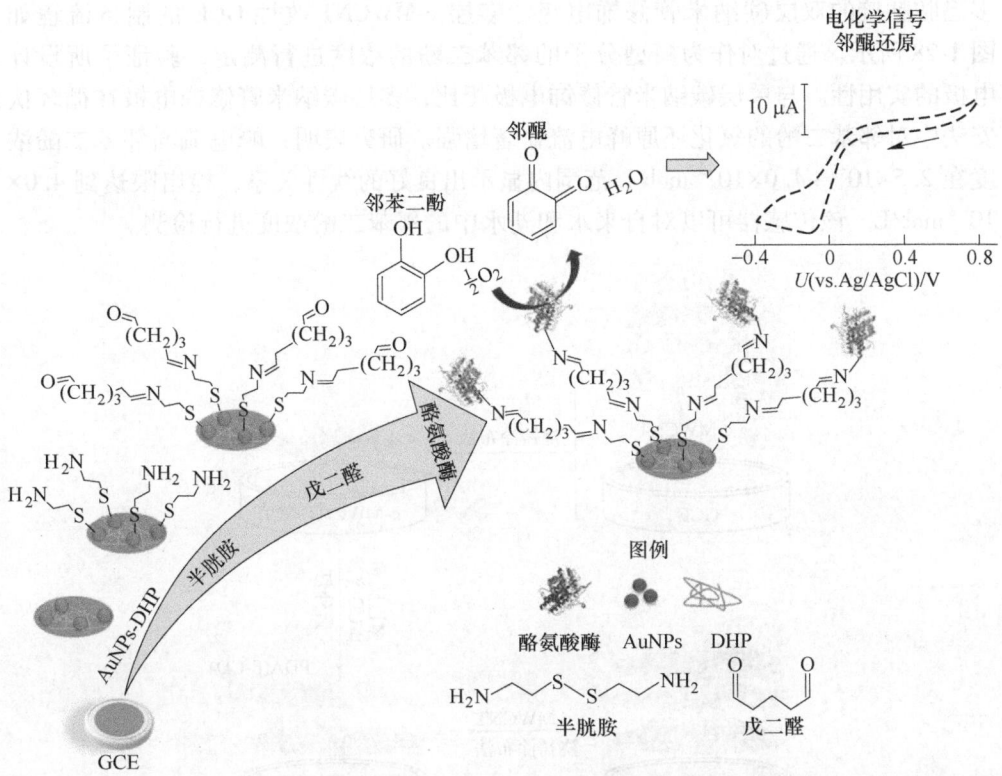

图 1-26 TYR-AuNPs-DHP/GCE 生物传感器的制备流程图

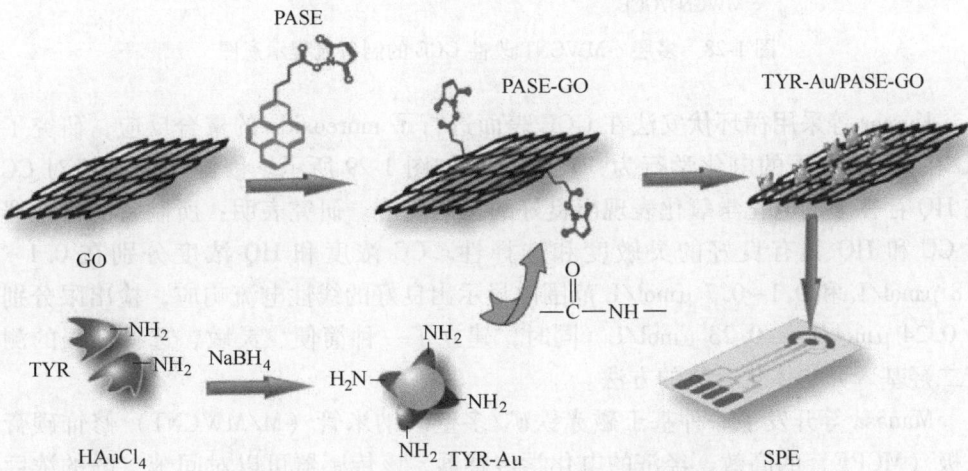

图 1-27 TYR-Au/PASE-GO/SPE 的制备流程图

Wang 等提出了一种构建多层化学修饰电极的新方法，用嵌有 b-环糊精的聚多巴胺粘接的双层碳纳米管修饰电极。多层 c-MWCNT 改性 GCE 的制备流程如图 1-28 所示。通过对作为模型分子的邻苯二酚的浓度进行测定，验证了所设计电极的实用性。与单层碳纳米管修饰电极相比，多层碳纳米管修饰电极在循环伏安法中对邻苯二酚的氧化还原峰电流显著增强。研究表明：峰电流与邻苯二酚浓度在 $2.5 \times 10^{-7} \sim 4.0 \times 10^{-3}$ mol/L 范围内显示出良好的线性关系，检出限达到 4.0×10^{-8} mol/L。该传感器可以对自来水和湖水中的邻苯二酚浓度进行检测。

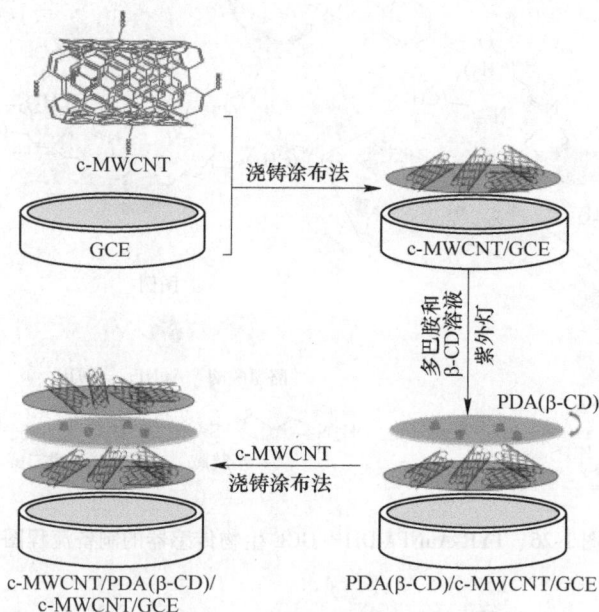

图 1-28　多层 c-MWCNT 改性 GCE 的制备流程示意图

　　Kumar 等采用循环伏安法在 GCE 表面进行了 mureoxide 的聚合反应，研究了 CC 在 HQ 存在下的电化学行为，反应机理如图 1-29 所示。修饰后的电极对 CC 在 HQ 存在下的电化学氧化表现出良好的正向反应。研究表明：所制备的传感器对 CC 和 HQ 具有良好的灵敏度和选择性。CC 浓度和 HQ 浓度分别在 $0.1 \sim 0.8$ μmol/L 和 $0.1 \sim 0.7$ μmol/L 范围内显示出良好的线性电流响应，检出限分别为 0.24 μmol/L 和 0.23 μmol/L。同时，建立了一种简便、灵敏、选择性强的测定二羟基苯异构体化合物的方法。

　　Manasa 等开发了一种基于磁赤铁矿/多壁碳纳米管（M/MWCNT）修饰碳膏电极（MCPE）的高效、经济的电化学传感器，该传感器可以对间苯二酚的浓度进行检测。该课题组首次通过战略红外辐照合成了 M/MWCNT，这是克服其他复杂化学途径的一种有前景的方法。间苯二酚在 M/MWCNT/MCPE 上的电化学氧化机理如图 1-30 所示。使用差分脉冲伏安法测定间苯二酚浓度的线性范围为

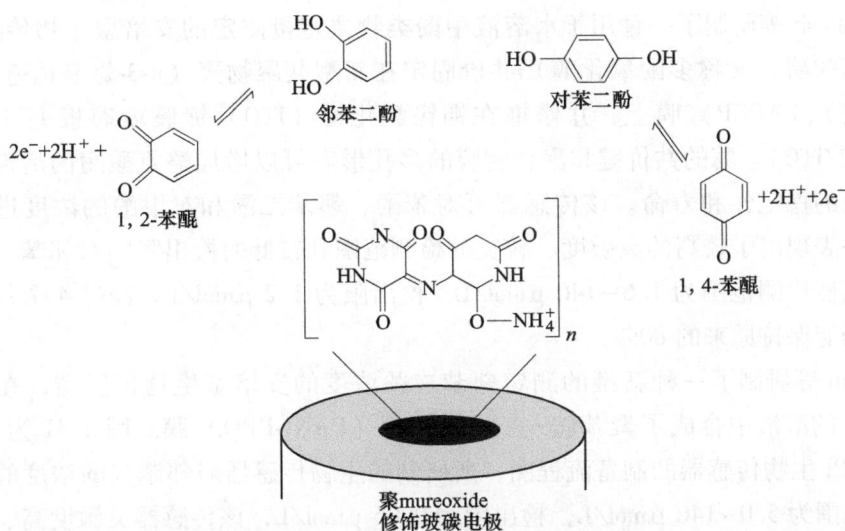

图 1-29 mureoxide 在 GCE 表面的电聚合机理

$0.5 \sim 10 \ \mu mol/L$，检出限为 $0.02 \ \mu mol/L$。研究结果表明该传感器可用于水污染现场监测和生物基质中间苯二酚浓度的检测。

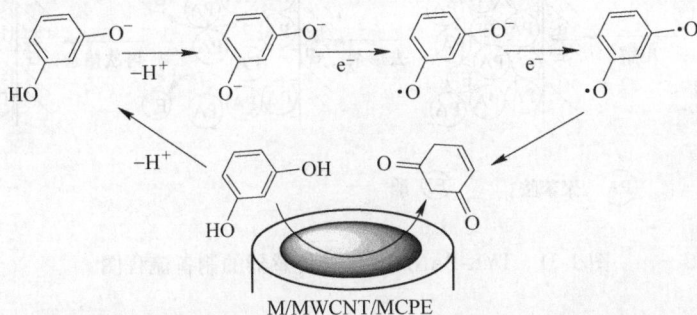

图 1-30 间苯二酚在 M/MWCNT/MCPE 上的电化学氧化机理

Lu 等首先将硫氨酸（TN）电沉积在玻碳电极上，然后修饰酪氨酸酶（TYR），通过戊二醛（GA）使硫氨酸和酪氨酸酶表面形成共价键，建立了逐级检测邻苯二酚的安培型生物传感器。通过 SEM 和 EIS 对 TYR/GA/pTN 修饰电极进行了评价。电沉积在 GCE 表面的末端氨基（—NH₂）与蛋白质赖氨酸基团（或半胱氨酸基团）交联。所得的 TYR/GA/pTN/GCE 生物传感器可以用来检测邻苯二酚的浓度。研究结果表明：所制备的 TYR/GA/pTN/GCE 生物传感器对邻苯二酚具有快速、灵敏的响应，灵敏度为 $5.04 \ \mu A \cdot mmol^{-1} \cdot L$，检出限为 $6.0 \ \mu mol/L$。TYR/GA/pTN/GCE 在保存 1 个月后保留了 71% 的邻苯二酚氧化活性。

　　Rajesh 等研制了一种用于水溶液中酚类物质定量测定的安培型生物传感器。将酪氨酸酶（又称多酚氧化酶）共价固定在新型共聚物聚（n-3-氨基丙基吡咯-共吡咯）（PAPCP）膜上，并修饰在铟锡氧化物（ITO）镀膜玻璃板上（TYR-PAPCP/ITO）。酶的共价键和聚合物膜的多孔形态可以增加酪氨酸酶的活性并增加电极的稳定性和寿命。该传感器可对苯酚、邻苯二酚和对甲酚的浓度进行检测，并表现出了较高的灵敏度、较宽的检测范围和较低的检出限。对邻苯二酚浓度的线性检测范围为 $1.6 \sim 140$ μmol/L，检出限为 1.2 μmol/L。经过 4 个月后酶活性仍能保持原来的 80%。

　　Tan 等研制了一种新型的测定邻苯二酚浓度的安培型生物传感器，在含有 EMIES 的溶液中合成了聚苯胺-多酚氧化酶（PANI-PPO）膜。图 1-31 为 TYR-PANI/Pt 生物传感器的制备流程图，所研制的生物传感器对邻苯二酚浓度的线性检测范围为 $5.0 \sim 140$ μmol/L，检出限为 0.05 μmol/L，该传感器灵敏度高、线性范围宽、检出限低，4 个月后仍保留原有活性的 86%；同时可用于农药中邻苯二酚浓度的检测。

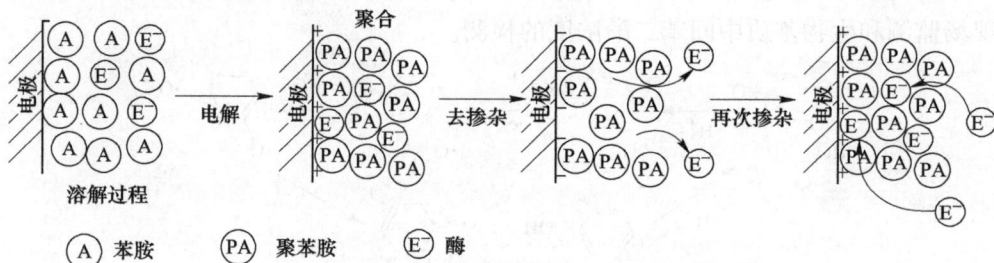

图 1-31　TYR-PANI/Pt 生物传感器的制备流程图

　　Farshad 等通过将多酚氧化酶（PPO）固定在金纳米颗粒（GNP）修饰的丙酮萃取蜂胶（AEP）复合材料中，并将其附着在金电极表面的碳纳米管（CNT）上，构建了一种新型邻苯二酚生物传感器。该邻苯二酚生物传感器的制备流程如图 1-32 所示。在最佳条件下，该法可成功用于 $1 \times 10^{-6} \sim 5 \times 10^{-4}$ mol/L 浓度范围内邻苯二酚的测定，检出限为 8×10^{-7} mol/L（$S/N=3$）。该传感器对邻苯二酚表现出了良好的检测性能。采用循环伏安法和电化学阻抗谱技术对 PPO/CNTs/GNPs/AEP/Au 生物传感器进行表征，该生物传感器表现出良好的选择性、稳定性和重复性。

　　Wang 等采用一步溶剂热法合成了表面均匀分布 MoO_3 纳米棒的铜基金属有机骨架（CuBDC）（MoO_3@CuBDC），并对其进行了高温煅烧处理。一系列表征表明 MoO_3@CuBDC 经过处理后转变为 Cu_2O 纳米球、Mo_2C 和碳材料的三元复合材

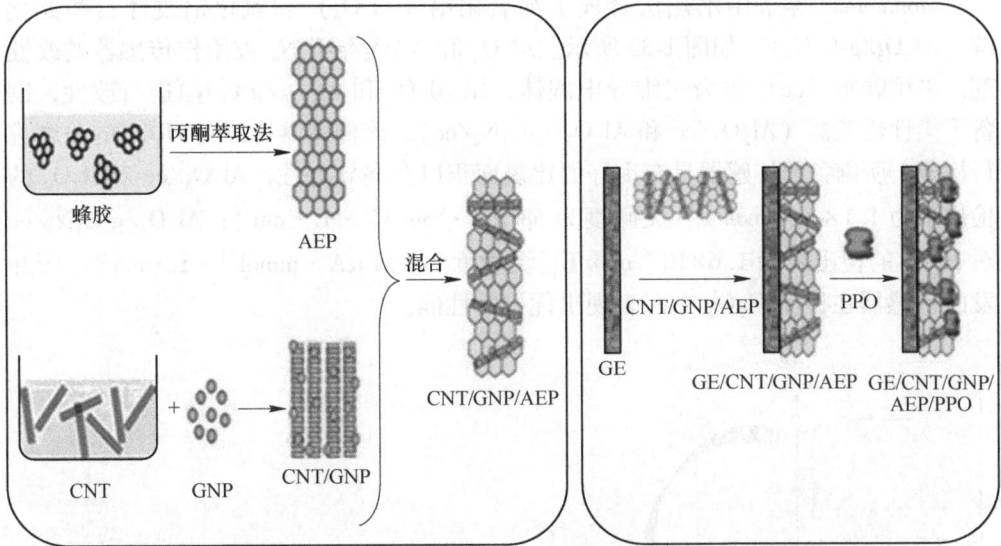

图 1-32 一种新型邻苯二酚生物传感器的制备流程图

料（$Cu_2O/Mo_2C@C$）。构建了一种基于 $Cu_2O/Mo_2C@C$ 修饰玻碳电极的新型电化学传感器，用于同时检测邻苯二酚和对苯二酚。由于 $Cu_2O/Mo_2C@C$ 优异的电催化能力，所制备的传感器具有良好的电分析性能，对 CC 和 HQ 在 $0.5\sim200\ \mu mol/L$ 的浓度范围内呈良好的线性电流响应，检出限分别为 $0.38\ \mu mol/L$ 和 $0.13\ \mu mol/L$。此外，该传感器可用于实际样品的 CC 和 HQ 同时检测，结果令人满意。

1.1.7 过氧化氢电化学传感器的研究

过氧化氢（H_2O_2）是一种重要的生化分子，在食品、纺织、医疗、环保等诸多领域都有非常广泛的应用。但是过量的 H_2O_2 会影响正常的生理功能，导致一些疾病的发生，如心血管疾病、阿尔茨海默病、癌症等。滥用 H_2O_2 会导致环境水污染急剧增加，进而影响人类健康。因此，开发准确、灵敏的环境和生物样品中 H_2O_2 用量的监测方法至关重要。过氧化氢浓度的检测方法有滴定法、光谱法、色谱法和电化学方法等。其中，电化学方法以准确、快速、稳定、易于操作、重复性好、灵敏度高等优点得到广泛应用。电化学传感器基本上分为酶促传感器和非酶促传感器两类。氧化还原反应发生在电极表面的电催化剂和过氧化氢之间。各种合适的改性材料被广泛用于 H_2O_2 传感器的制备，以提高检测 H_2O_2 的精度。近年来，氧化石墨烯、还原性氧化石墨烯、碳纳米管、MOF、金属氧化物、合金、纳米颗粒等材料被用于 H_2O_2 传感器的制备，这些材料对检测 H_2O_2 具有良好的催化活性。

Mohammad 等采用水热法合成了纯氧化铝（Al_2O_3）和氧化铝改性石墨氮化碳（$Al_2O_3/g\text{-}C_3N_4$），如图 1-33 所示。Al_2O_3 和 $Al_2O_3/g\text{-}C_3N_4$ 被用作传感器的改性剂。采用碳布（cc）作为三维导电载体，用 Al_2O_3 和 $Al_2O_3/g\text{-}C_3N_4$ 进行改性，制备了柔性传感器（Al_2O_3/cc 和 $Al_2O_3/g\text{-}C_3N_4/cc$）。该传感器可以对 H_2O_2 的浓度进行检测。所制备的传感器具有良好的比表面积以及高导电性，Al_2O_3/cc 对 H_2O_2 的检出限为 1.1×10^{-4} mol/L，灵敏度为 58 $\mu A \cdot mmol^{-1} \cdot L \cdot cm^{-2}$；$Al_2O_3/g\text{-}C_3N_4/cc$ 对 H_2O_2 的检出限为 1.6×10^{-4} mol/L，灵敏度为 108 $\mu A \cdot mmol^{-1} \cdot L \cdot cm^{-2}$。所开发的传感器在检测 H_2O_2 方面表现出优异的性能。

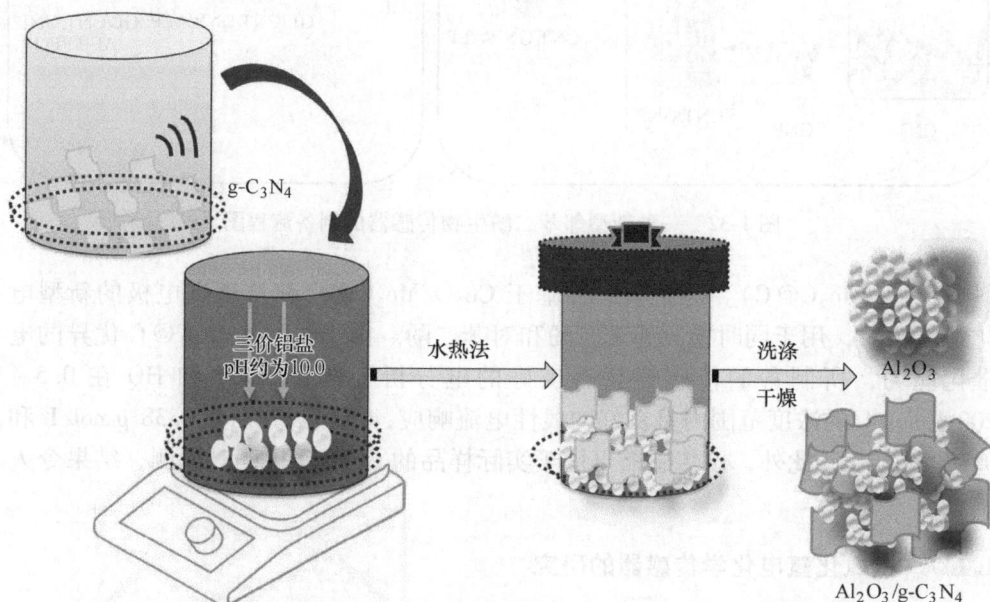

图 1-33　Al_2O_3 和 $Al_2O_3/g\text{-}C_3N_4$ 合成示意图

Divyalakshmi 等也是采用水热法制备出了 NiO 和 $\alpha\text{-}Fe_2O_3$ 纳米复合材料。通过在 NiO 纳米片表面生长 $\alpha\text{-}Fe_2O_3$ 纳米粒子，合成了 $\alpha\text{-}Fe_2O_3$ 纳米复合材料。采用 X 射线衍射和扫描电镜对该材料进行了结构和形态表征，并用循环伏安法和计时电流法对其进行了电化学表征。用纳米复合材料修饰的玻碳电极对 H_2O_2 的响应明显优于用裸 NiO 修饰的玻碳电极。H_2O_2 传感器工作电压为 0.4 V（vs. Ag/AgCl），灵敏度为 146.98 $\mu A \cdot mmol^{-1} \cdot L \cdot cm^{-2}$，检出限低至 0.05 mmol/L，线性范围为 0.5~3 mmol/L。即使在各种干扰分子如抗坏血酸和尿酸的存在下，该传感器也具有良好的重复性和长期稳定性。

Kim 等利用直接生长技术，在高温环境下对双金属钴铜有机骨架材料

（MOF CoCu-500）进行了碳化处理，创新性地制备出了一种具有分层特性的三维结构。在此结构中，氮掺杂的碳纳米管紧密地固定了双金属钴铜有机骨架，形成了新型材料（命名为 NCNT MOF CoCu）。这种精心策划的 NCNT MOF CoCu 纳米结构设计对葡萄糖及过氧化氢等敏感分子展现出了极高的响应灵敏度，如图 1-34 所示。循环伏安法（CV）和计时电流法（CA）研究表明，该材料具有良好的葡萄糖电催化氧化性能，对葡萄糖检测的线性范围为 0.05～2.5 mmol/L，灵敏度为 1027 $\mu A \cdot mmol^{-1} \cdot L \cdot cm^{-2}$，检出限为 0.15 $\mu mol/L$。同样，NCNT MOF CoCu 纳米结构对 H_2O_2 活性显著提高，其线性区间为 0.05～3.5 mmol/L，灵敏度为 639.5 $\mu A \cdot mmol^{-1} \cdot L \cdot cm^{-2}$，且最低可检测浓度低至 0.206 $\mu mol/L$。得益于其独特的分层纳米构造，包括均匀分布的氮掺杂碳纳米管与高石墨化程度的碳材料，这种结构促进了双金属 CoCu 与氮掺杂碳纳米管（NCNT）在有机骨架内的协同增效作用。在实际样品分析中，该传感器也可作为葡萄糖和 H_2O_2 检测的合适探针。

图 1-34 彩图

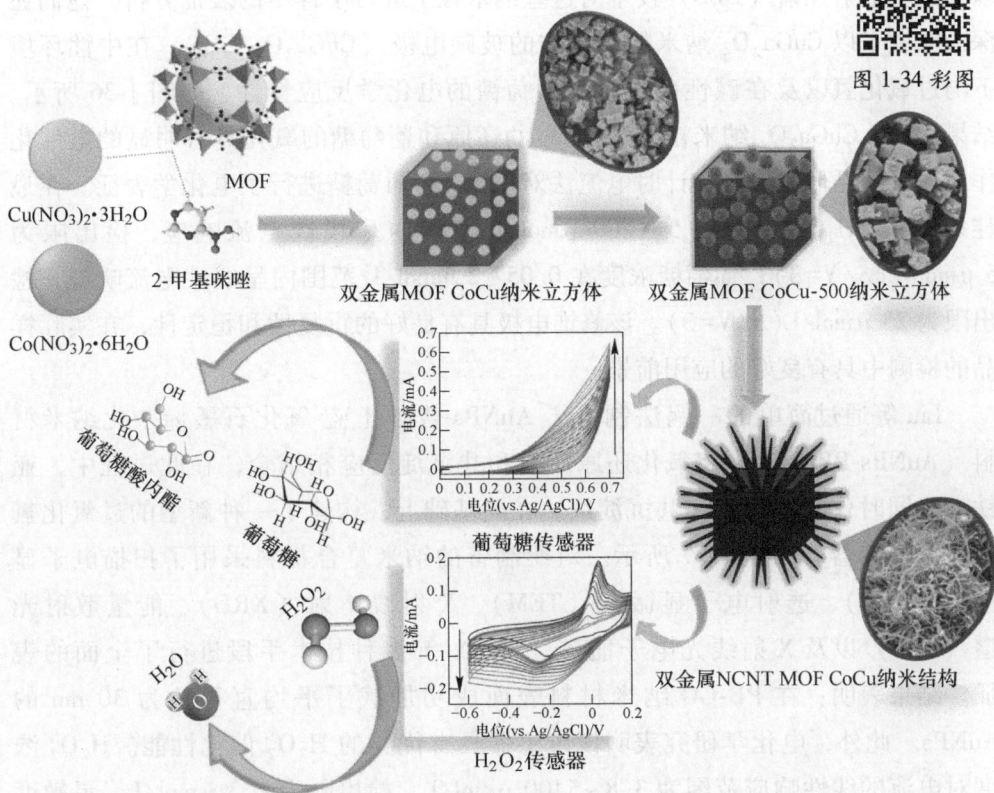

图 1-34 用于葡萄糖和 H_2O_2 电化学传感器的双金属 NCNT MOF CoCu 纳米结构示意图

Wei 等报道了一种用于电化学检测 H_2O_2 的无酶传感器，该传感器基于电沉积铂纳米粒子（Pt NPs）在煅烧的金属有机骨架（MOF）MIL-68-NH$_2$（In）和二硫化钼（MoS$_2$）纳米片上，如图 1-35 所示。首先，在玻碳电极上涂覆二维二硫化钼纳米片，使其可以负载更多的 MOF 材料。实验结果发现煅烧 MIL-68（cMIL-68）比原始 MIL-68 表现出更好的催化活性，它具有更大的比表面积和更好的导电性。为了提高检测灵敏度，在 cMIL-68/MoS$_2$/GCE 上电沉积了 Pt NPs，并提供了更好的导电性和稳定性。三种材料的掺入对于检测 H_2O_2 具有更优越的选择性和灵敏度。在最佳条件下，该传感器对 H_2O_2 检测的线性范围为 10 nmol/L ~ 18.3 mmol/L，检出限为 6.26 nmol/L。此外，采用 Pt/cMIL-68/MoS$_2$/GCE 可以实时测量 MCF-7 乳腺癌细胞释放的 H_2O_2。

Yin 等运用水热煅烧方法成功制备了尖晶石结构的 $CuGa_2O_4$ 纳米粒子，随后利用 X 射线衍射（XRD）、扫描电子显微镜（SEM）、透射电子显微镜（TEM）以及能量散射光谱（EDS）技术对这些纳米粒子进行了详尽的表征分析。他们还深入探究了以 $CuGa_2O_4$ 纳米粒子修饰的玻碳电极（$CuGa_2O_4$/GCE）在中性环境下与过氧化氢以及在碱性条件下与葡萄糖的电化学反应特性，如图 1-36 所示。结果表明：$CuGa_2O_4$ 纳米粒子对 H_2O_2 的还原和葡萄糖的氧化具有明显的电催化作用。采用循环伏安法和计时电流法对 H_2O_2 和葡萄糖进行了电化学表征。在最佳条件下，H_2O_2 浓度在 5 ~ 200 μmol/L 范围内呈线性电流响应，检出限为 5 μmol/L（$S/N=3$）；葡萄糖浓度在 0.05 ~ 2 mmol/L 范围内呈线性电流响应，检出限为 25 μmol/L（$S/N=3$）。该修饰电极具有良好的重复性和稳定性，在实际样品的检测中具有良好的应用前景。

Liu 等通过简单的一锅法制备了 AuNPs-普鲁士蓝-氧化石墨烯杂化纳米材料（AuNPs-PB-GO）。将氧化还原反应和共沉淀反应相结合，在此过程中，亚铁离子同时作为还原剂和共沉淀剂。在此基础上，构建了一种新型的过氧化氢电化学传感器，如图 1-37 所示。对所制备的纳米复合材料采用了扫描电子显微镜（SEM）、透射电子显微镜（TEM）、X 射线衍射（XRD）、能量散射光谱（EDS）以及 X 射线光电子能谱（XPS）等多种技术手段进行了全面的表征。结果表明：在 PB-GO 纳米材料表面成功加载了平均直径约为 30 nm 的 AuNPs。此外，电化学研究表明该传感器具有优异的 H_2O_2 催化性能。H_2O_2 浓度对电流的线性响应范围为 3.8 ~ 5400 μmol/L，检出限为 1.3 μmol/L，灵敏度为 87.6 μA·mmol^{-1}·L·cm^{-2}。此外，所构建的传感器对 H_2O_2 的检测具有良好的稳定性、重复性和抗干扰能力。

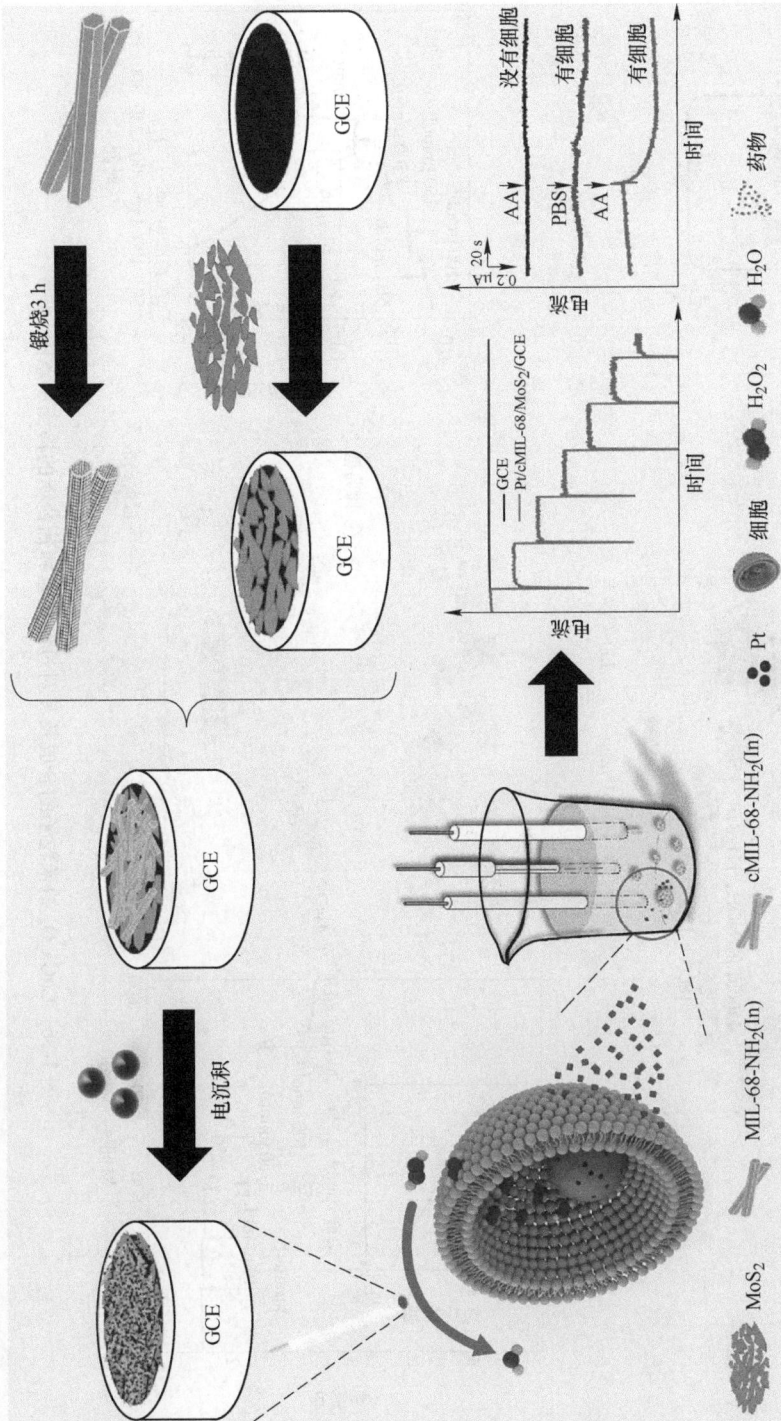

图 1-35 Pt/cMIL-68/MoS₂/GCE 的合成过程示意图以及电化学检测药物刺激下细胞释放的 H₂O₂

图 1-35 彩图

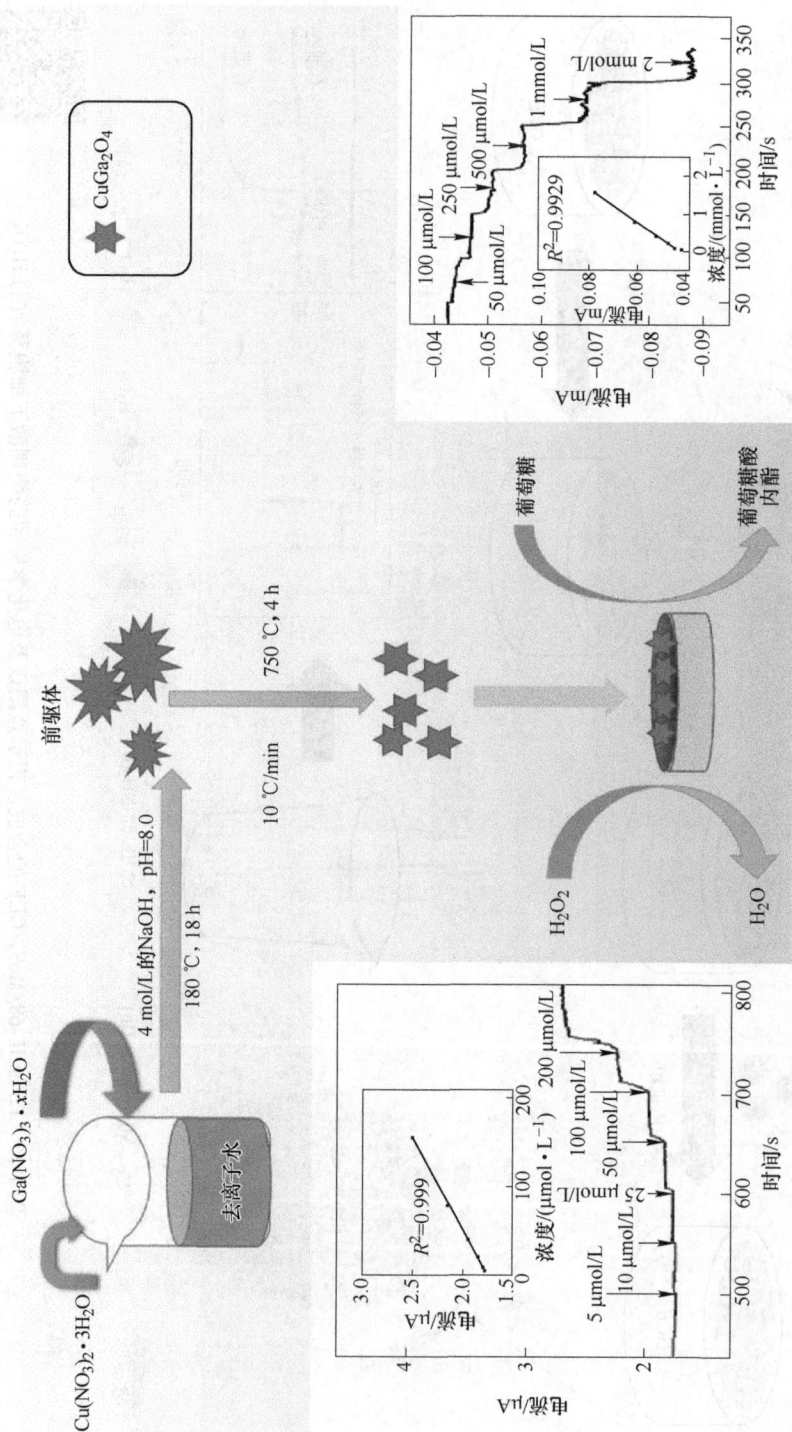

图 1-36　CuGa₂O₄ 纳米粒子的合成及其对过氧化氢和葡萄糖的检测示意图

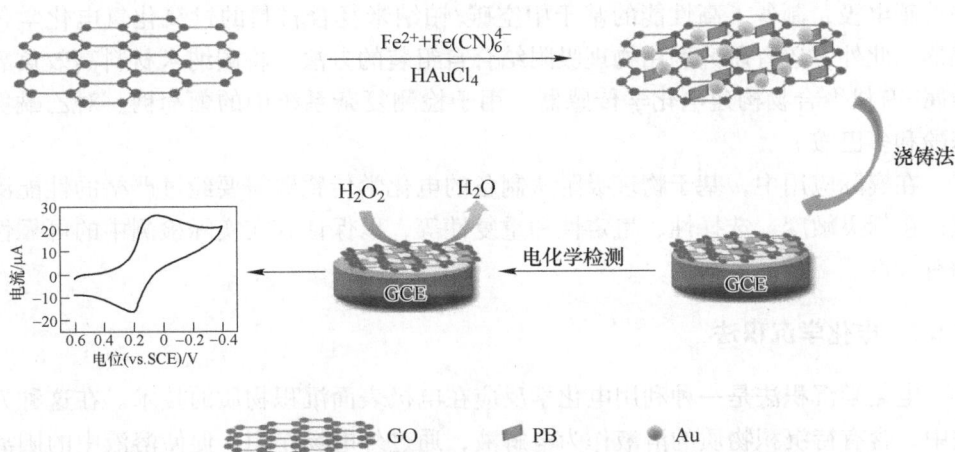

图 1-37 AuNPs-PB-GO 纳米复合材料的制备及其对 H_2O_2 的检测示意图

1.2 电化学传感器的制备方法

不同的电化学传感器制备方法也会影响传感器的性能，生物分子通常经由物理吸附法、电化学沉积法、化学偶联法、共价键合法、熔盐合成法等吸附在传感器表面。

1.2.1 物理吸附法

物理吸附法是一种在电化学传感器制备中常用的技术，它主要是将生物酶或其他电极修饰材料通过物理作用力（如范德华力、静电吸引力等）吸附在载体表面，固定化酶最早采用的方法就是物理吸附法。该法价格低廉、操作简便、所需条件温和，并且载体可重复使用，省去了复杂的化学修饰步骤，因而在研究和开发电化学传感器当中得到了广泛的应用。

在电化学传感器的制备过程中，物理吸附法可以用于固定酶、纳米粒子、金属有机骨架等多种生物识别或催化材料。通过这种方法，可以构建具有特定识别能力的传感界面，用于检测特定的分析物，如葡萄糖、过氧化氢、酚类化合物、尿酸、抗坏血酸和多巴胺等。

物理吸附法的一个优点是能够在一定程度上保持材料的原有结构和活性，这对于维持传感器的灵敏度和选择性非常重要。但是物理吸附法的稳定性可能不如化学键合方法，吸附材料在使用过程中很容易脱落，因此在电化学传感器制备过程中可能需要与其他方法结合起来以增强修饰材料的稳定性。

有文献报道通过物理吸附结合电化学沉积的方法将中空碳和铂纳米颗粒修饰

到玻碳电极，制备了高性能的基于中空碳/铂纳米复合材料的过氧化氢电化学传感器。此外，还有研究利用物理吸附结合自组装的方法，将碳纳米材料高效负载金属-有机聚合物构建电化学传感器，用于检测复杂系统中的葡萄糖、对乙酰氨基酚和多巴胺。

在实际应用中，基于物理吸附法制备的电化学传感器需要经过严格的性能测试，包括灵敏度、选择性、稳定性和重复性等，以保证其在实际检测中的可靠性和有效性。

1.2.2　电化学沉积法

电化学沉积法是一种利用电化学反应在电极表面沉积物质的技术。在这种方法中，含有待沉积物质的溶液作为电解液，通过外电场作用，促使溶液中的阳离子或阴离子（如生物酶、中间体和高分子单体）迁移至电极表面，在电极上发生得电子和失电子的氧化还原反应，从而沉积形成固态物质。电沉积流程包含两个主要阶段：第一阶段，离子自电解液迁移至电极表层并发生放电；第二阶段，原子融入晶格并促进晶体的生长。该过程的复杂性源于晶体表面的非均匀特性及新相态的生成。在固体相态形成阶段，会出现晶体过电位现象，这归因于原子缓慢整合至固体金属晶格有序结构的过程。值得注意的是，只有当电荷转移、扩散以及溶液中的化学反应等伴随步骤的电流接近热力学平衡状态时，纯粹的晶体过电位形式才会显现。电化学沉积法可以用来制备各种材料，包括纯金属、合金、薄膜、纳米材料等，已广泛应用于材料科学、电子学、能源等领域，它具有工艺简单、成本低、操作便捷、环保等优点。电化学沉积法主要包括直接电沉积法和欠电位沉积法两种。

电化学沉积法具有沉积过程可控、可以在室温下进行、适用于多种材料的沉积等优点，并且能够在微观尺度上控制沉积层的结构和组成。这些特点使得电化学沉积法成为制备复杂结构和功能材料的有力工具。

电化学沉积法也是发展改性电极的有力工具。在电化学传感器的制备过程中，电化学沉积法可以用来构建敏感元件，如电极表面的修饰层，这些修饰层能够提高传感器对特定分析物的响应和选择性。通过控制沉积条件，可以优化传感器的性能，实现灵敏度高和响应快速的检测。

1.2.3　化学偶联法

化学偶联法也称为化学连接法或化学交联法，是指通过生物分子（如蛋白质、酶、抗体、DNA 探针等）与偶联剂反应，形成不溶于水的立体网状偶联结构，使生物分子通过偶联反应附着在电极表面。化学偶联法通常涉及一个或多个化学反应步骤，其中最常见的是通过活性基团（如氨基、羧基、巯基、环氧基等）之间的反应来形成共价键。化学偶联法可以提高生物分子的稳定性，减少分子泄漏，并改善其在电极表面的定向和均匀分布，生物分子固定得比较牢固，不容易掉落，传感器的寿命会比较长。但是化学偶联法也存在一定的缺点，例如：操作步骤繁杂、耗时，实验过程中需要控制好相应的实验条件；以及可能导致生物分子失活或改变其空间构象，从而影响其催化活性。

在电化学传感器中，化学偶联法可以用来构建生物传感器，其中生物分子作为识别元件与电极表面偶联，用于特异性地识别和结合特定分析物，进而产生可测量的电信号。这种传感器在环境监测、临床诊断、食品安全检测等领域有着广泛的应用。实验中常用的偶联试剂是戊二醛，它可以帮助酶强烈吸附在电极表面，在测量过程中不容易从表面分离，在电化学传感器中应用较多。

1.2.4 共价键合法

共价键合法是指生物分子（如酶和蛋白质）与载体以共价键合的方式固定化的方法。这种方法通常涉及将功能性分子或组分通过共价键与电极材料连接起来，形成一个稳定的、具有特定识别能力的修饰电极。共价键合类型的电化学传感器能够提供高灵敏度和选择性，因为共价键通常具有很强的结合力，能够确保功能性分子在电极表面稳定存在。共价键合法主要有两种类型：一种涉及将酶与载体结合，通过激活载体上的特定基团，进而与酶的相应基团进行偶联。另一种则是采用双功能试剂作为桥梁，连接酶与载体。共价键合法通常利用共价键合，使得蛋白质分子结合牢固，耐用性较高，有助于优化分子在电极表面的分布状态。然而，这种制备流程颇为繁琐、耗时较长，且实验成本不菲。此外，由于直接关联到活性分子自身的基团，该方法可能会对酶的活性产生一定影响。

1.2.5 熔盐合成法

熔盐合成法又称熔盐法，是一种利用高温熔盐作为离子导体来合成电化学传感器材料的方法，通常选用一种或多种具有较低熔点的盐类物质作为反应媒介，这些盐能使反应物具备一定的溶解度，从而促使反应在原子尺度上顺利进行。在反应结束时，用合适的溶剂溶解盐，经过过滤和洗涤就可以得到合成产物。熔盐在高温下具有宽广的电化学窗口和快速的反应动力学，适合作为电化学冶金的电解液。这种合成法能够在较低的温度下进行，有助于控制材料的形态、组分和微观结构，从而获得具有特定物理化学性质的传感器材料。熔盐法因独特的合成条件和材料性能，被广泛应用于冶金、催化、电池、环境和生物医学等多个领域。

熔盐法具有工艺简单、晶体形态好、合成的粉体化学成分均匀、相纯度高、可反复使用等优点。熔盐法主要应用于无酶传感器中。尽管熔盐法在电化学传感器材料合成方面具有明显优势，但在动力学过程以及目标产品组分的精准控制方面仍有发展空间。未来的研究将集中在如何克服这些挑战，如何进一步优化合成条件和提高材料性能。

1.2.6　其他方法

修饰电极的方法除了以上所述方法之外，还有包埋法和纳米处理法等。

包埋法是将生物酶用固体凝胶或者聚合物等包埋固定，形成具有活性的分子感应膜，最后将其修饰到电极表面形成生物传感器。包埋法一般分为以下三种：电聚合高分子包埋法、高分子载体包埋法和碳糊固定法。包埋法避免了生物酶的失活，能很好地保存酶的特性。

纳米处理法是将纳米材料和生物酶相结合的技术。将生物酶固定在纳米材料上，由于纳米材料大的比表面积以及特殊的性质，会大大提高生物酶的活性，提高电子转移速率，从而提高电化学传感器的灵敏度和响应速度。目前纳米处理法主要应用在医疗器械、临床检测、可植入器件等方面，有非常广阔的应用前景。

1.3　金属硫化矿结构及其应用

1.3.1　金属硫化物矿物简介

金属硫化物矿物是金属元素与硫原子结合而成的天然化合物，是指在硫化矿床中，不被完全氧化或轻微氧化的矿物。它们在自然界中广泛存在，并且是许多金属元素如铜、铅、锌、钴、镍等的重要矿物来源。硫化矿的种类繁多，包括黄铁矿（FeS_2）、黄铜矿（$CuFeS_2$）、辉钼矿（MoS_2）、方铅矿（PbS）、闪锌矿（ZnS）和辉锑矿（Sb_2S_3）等。这些硫化物矿物具有不同的物理和化学性质，使得它们在电化学领域有着广泛的应用，但它们也具有一些共同的特征。

硫化物矿物大部分都具有氧化还原性和半导体性两种特征。而天然的硫化物矿物中除去主要硫化物元素以外，还包括了某些杂质元素，受到杂金属离子所取代的金属晶体缺陷也会使其导电性能增强，有的还具备了导电的特性。另外，与大部分非硫化物矿物相比，由于硫化物矿物中硫原子的不稳定性，且硫化物矿物也可以同时与氧化物和水溶氧进行氧化还原反应，因此硫化物矿物中的硫原子通常以 -1 价或 -2 价形式出现。随着矿浆氧化与还原温度的不同，硫原子也被氧化至高价态（0 价、+2 价、+4 价、+6 价等）。

许多硫化物矿物是半导体材料，具有一定的导电性。它们的导电性取决于其晶体结构和杂质含量，通常具有可调节的带隙宽度。硫化物矿物的表面和晶格缺陷处具有良好的电化学活性，可以参与氧化还原反应和其他电化学过程。一些硫化物矿物还具有特殊的光学性质，如荧光或磷光性，这使得它们在光电探测器和发光二极管（LED）等领域有潜在应用。部分硫化物矿物具有热电性能，能够将温度差异转化为电能，因此在热电发电和冷却系统中有应用潜力。在电化学方面，硫化物矿物及其衍生物常被用作电池和超级电容器的电极材料，例如硫化镍（NiS）和硫化钴（CoS）等材料在锂离子电池和钠离子电池中表现出良好的电化学性能。硫化物矿物在电化学水分解反应中还可以作为催化剂，特别是对于析氢反应（HER）和析氧反应（OER）。在传感器方面，硫化物矿物的电化学活性使其适合用于制备电化学传感器，用于检测气体、液体或生物分子。通过调整硫化物矿物的形貌和尺寸，可以提高传感器的灵敏度和选择性。一些硫化物矿物因半导体特性和光学性质而被研究用于太阳能电池，例如硫化镉（CdS）和硫化锌（ZnS）常被用作太阳能电池的窗口层或缓冲层。除此之外，硫化物矿物的光电效应使其适合用于制造光电探测器，用于光信号的检测和转换。

　　由于硫化物矿物的半导体性能，使得硫化矿在压电材料及半导体材料等领域应用广泛。尽管硫化物矿物在电化学领域具有应用潜力，但其实际应用还是受到了一些限制，硫化矿的性能不及石墨烯等一些导电材料，因此常用一些导电材料和硫化矿结合来修饰电极，进而提高硫化矿的导电性能。因与其他生物装置相比，天然硫化矿价格低廉、具有稳定的物理和化学性质、无毒、生物相容性好以及在自然界中储量丰富，而成为很有前景的电化学传感器材料之一。制备硫化矿传感器为天然金属硫化物矿物的应用开辟了新的方向。

1.3.2 黄铁矿、黄铜矿和辉钼矿

　　黄铁矿（pyrite），主要成分为FeS_2，是一种常见的硫化铁矿物，因其金黄色的外观和类似金属的光泽而得名。黄铁矿具有立方晶系结构，其中铁原子位于立方体的中心，硫原子形成八面体配位，在众多硫化物矿物中，黄铁矿在地壳中分布最广，也是自然界中发现的热力学最稳定的铁硫化物。黄铁矿是一种半导体材料，具有一定的导电性，其导电机制主要是通过硫空位的跳跃传导。黄铁矿具有多种物理和化学性质，这些性质使得它在电化学领域有着一定的应用。我国具有丰富的黄铁矿资源，该矿物材料价格低廉，具有合适的氧化还原电动势，能提供可充放电的固定平台，还具有高稳定性及合适的电导等优异的性能。黄铁矿因独特的晶体结构和物理化学性质，被认为是热电池、太阳能电池和锂/铁硫电池的潜在电极材料，尤其是在早期的电池技术中，如格鲁夫电池和波根多夫电池。除了在电池方面的应用外，金属硫化物矿物也被应用于处理废水中的重金属。石俊仙等利用磁黄铁矿和黄铁矿处理皮革厂含铬废水，取得了很好的铬去除率。此外，广州大学陈永亨教授通过反射光谱和吸收光谱，考察了黄铁矿对酸性重金属废水的净化作用。通过光谱分析及X射线光电子能谱表征，证明黄铁矿能够处理含铬废水。这些研究为硫化物矿物的综合利用提供了新的思路。此外，中国地质大学陈代璋教授利用天然金属硫化物矿物作为催化剂制备了碳纳米管。其研究表

明硫化物矿物的催化效果与电子层结构、化合物键型、晶体缺陷等密切相关，并针对这些影响因素给出了明确的理论研究结果。在传感器方面，黄铁矿的电化学活性使其有可能用于制备气体传感器或其他类型的电化学传感器。通过调整黄铁矿的形貌和尺寸，可以提高其在传感器应用中的灵敏度和选择性。

黄铜矿（chalcopyrite）是硫化矿的代表性矿物之一，主要成分是 $CuFeS_2$，是铜含量最丰富的矿物，也是最具经济价值的铜资源。其颜色为典型的黄铜色至青铜色，硬度适中，属于正交晶系，黄铜矿的晶体结构是由铜原子、铁原子和硫原子组成的四面体网络。铜原子和铁原子交替占据四面体的中心位置，硫原子则形成四面体的顶点。黄铜矿是一种天然的半导体材料，具有间接带隙，带隙宽度为 $1.3 \sim 1.5$ eV，这使得它在光伏和光电探测器等领域有潜在应用。黄铜矿因半导体特性而被研究用于太阳能电池，尤其是基于铜铟镓硒（CIGS）或铜锌锡硫（CZTS）的薄膜太阳能电池。这些材料具有类似的结构和性质，且可以通过调整成分来优化光电转换效率。铜的导电性和导热性优异，且易于加工和回收，因此在现代社会中有着不可或缺的地位。在电化学方面，黄铜矿作为颗粒电极和催化剂，可以用于电化学氧化处理垃圾渗滤液。黄铜矿因优异的导电性、众多的活性中心以及资源丰富，被认为是一种有前途的候选电极材料。它在锂离子电池、钠离子电池、超级电容器等储能器件中显示出潜力，尽管存在体积膨胀和低电导率等挑战，但通过纳米化、材料微观结构控制、元素掺杂和碳材料复合等综合策略，有望克服这些障碍，推动黄铜矿在储能领域的商业化应用。除此之外，黄铜矿还可以通过电化学浸出工艺提取硫酸铜和金属铜。黄铜矿及其衍生物也被研究作为锂离子电池和其他类型电池的电极材料。通过对其结构进行改性，可以提高其在电池中的循环稳定性和容量。

辉钼矿（molybdenite）是一种层状过渡金属硫化物，主要成分为 MoS_2，是一种重要的含钼矿物，同时也是自然界中钼的主要来源之一。它属于层状结构，具有一系列独特的物理和化学性质，这些性质使得辉钼矿在电化学领域有着广泛的应用。辉钼矿可分为六方晶系和三方晶系两种。辉钼矿是一种展现出鲜明金属光泽的铅灰色矿物，具备完整的底面解理特性。其晶体形态通常为六方板状，常见形态包括鳞片状、片状或细小的粒状。辉钼矿具有典型的层状结构，其晶体结构为由 Mo 原子和 S 原子组成的层状结构。在其晶体结构中，每一层内部原子通过紧密的共价键相互连接，而相邻层间则依靠较弱的范德华力维持联系。彼此之间相互叠加，构成三层网状结构。由于 MoS_2 独特的结构，可以为电子提供快速转移的通道，提高反应速率。同时辉钼矿也是一种天然的半导体材料，其导电性介于导体和绝缘体之间，且具有可调节的带隙宽度。在电化学方面，辉钼矿的表面和边缘位置具有良好的电化学活性，可以作为电极材料参与电化学反应。辉钼矿及其衍生物（如剥离的二维 MoS_2 薄片）因电化学性能优异，常被选用为锂离子电池、钠离子电池及超级电容器等储能装置的电极组成部分，因具备较高的容量比和出色的循环稳定性而备受青睐。除此之外，辉钼矿在电化学水分解反应中也表现出良好的催化活性，特别是在析氢反应中，通过对其结构进行调控，可以进一步提高其催化效率，用于制备高效的电解水产氢催化剂。辉钼矿还可以用于制备气体传感器和生物传感器，其表面的电化学活性位点可以与目标分析物发生选择性相互作用，从而实现对特定物质的高灵敏度检测。

电化学方法由于灵敏度高、选择性好、检测速度快等优点在检测相关化合物方面得到了广泛的应用。对葡萄糖、尿酸、多巴胺、抗坏血酸以及酚类化合物进行检测的电化学方法在国内外已有不少的报道，金属配合物、纳米颗粒、碳纳米管、石墨烯、导电聚合物和生物质衍生碳材料等多种材料被用来修饰电极，以提高电化学传感器的性能。天然硫化物矿物因成本低、生态友好、具有稳定的物理和化学性质、无毒、生物相容性好以及在自然界中储量丰富等优点，成为很有前途的电化学传感器材料之一。用天然硫化物替代价格相对昂贵的传感器材料可以节约成本，而且还可以使天然矿石资源得到充分合理的利用。但是由于天然硫化物矿物属于半导体，导电性较弱，需要采用不同的物理和化学方法进行设计以提高其导电性和电化学性能。此外，天然硫化物矿物原料易得，且操作简便，在传感器方面有非常好的应用前景。

总之，硫化矿的独特性质使其在电化学领域有着广泛的应用潜力，尤其在能源存储和转换、电子器件以及传感技术等方面。随着纳米技术和材料科学的不断发展，硫化矿及其衍生物的应用将进一步扩展和深化。

2 基于黄铁矿基修饰电极的电化学传感器研究

黄铁矿是地球上储量最丰富的硫化矿，其核心成分为二硫化亚铁（FeS_2），其晶体归属于等轴晶系范畴，呈现出 Fe(II) 聚硫化物基础的立方 NaCl 型晶体结构。它常常展现出完好的晶体形态，包括立方体、八面体、五角十二面体及其聚形变体。在立方体的晶面上，可以观察到与晶棱方向平行的条纹，这些条纹在各个晶面上相互垂直。当黄铁矿以集合体形式出现时，常呈致密块状、粒状或结核状。颜色多为浅黄或铜黄色，而其条痕则呈现出绿黑色。由于它具有良好的性能，如合适的氧化还原电动势、较好的热力学稳定性、合适的导电性和可充放电的固定平台，已被用作热电池的正极材料。由于其优异的电化学性能和转移多相电子的能力，在电化学催化和传感方面得到了广泛的研究。

2.1 GOD/壳聚糖/黄铁矿修饰的酶生物传感器的制备及对葡萄糖的检测

葡萄糖氧化酶（GOD）是一种典型的氧化还原酶，在临床诊断和食品工业分析所使用的葡萄糖定量检测的酶生物传感器中应用广泛。将 GOD 固定在电极上的方法有物理吸附法、共价键合法、化学交联法和凝胶包封。每一种固定方法都有其优缺点。其中，物理吸附法是最简单的方法之一，在生物传感器的制备中应用广泛。

壳聚糖（CS）是一种由甲壳素衍生而来的天然高分子，广泛存在于昆虫、节肢动物和甲壳动物的多糖中。CS 具有成本低、机械强度高、化学惰性大、亲水性好、成膜能力强等优点。这种特殊的聚合物由于无毒、生物相容性好，在电化学分析领域有着重要的应用。

利用静电力将黄铁矿、壳聚糖以及葡萄糖氧化酶在玻碳电极（GCE）上逐层物理吸附（LbL），构建了一种安培型葡萄糖生物传感器。LbL 是一种广泛使用的吸附方法，它通过静电相互作用使带电荷的蛋白质层和带相反电荷的蛋白质层交替沉积。该方法操作简单、操作条件温和，是一种有效的酶固定化方法。LbL 法适用于不同酶结构的固定化，且酶不容易变性，因为大多数酶都是水溶性的，且在固相中带电。壳聚糖是一种阳离子聚合物，在电化学分析中应用最为广泛。该生物传感器采用带负电荷的 PR/带正电荷的 CS/带负电荷的 GOD 基结构，由于强静电相互作用，有利于保持吸附 GOD 的生物电催化活性和稳定性。吸附的GOD 对葡萄糖表现出足够的介导响应电流。此外，CS 的水化层在很大程度上促进了 GOD 结构和活性的保留。壳聚糖和黄铁矿作为合适的蛋白质黏合剂，可以与 GOD 和 GCE 表面结合。经过精心设计，黄铁矿也可以直接用作葡萄糖氧化酶介导的电化学传感器。

2.1.1 葡萄糖酶生物电化学传感器的制备

用 1.0 μm 和 0.05 μm 两种粗细的 Al_2O_3 抛光粉对玻碳电极进行研磨，将玻碳电极以画"8"字形路线在粗面抛光垫上研磨约 2 min，磨完后先用蒸馏水将其冲洗干净，然后用无水乙醇超声波冲洗约 10 min，接着再用蒸馏水超声波冲洗约 15 min，最后用蒸馏水再冲洗一次电极。插入泡沫风干备用。

称取 30 mg 黄铁矿溶于 1 mL 的磷酸盐缓冲溶液（pH=5.5）中，放入超声波振荡器中振荡 15 min，配制好的悬浊液放入冰箱待用。接下来，用 1% 的醋酸配制质量分数为 0.05% 的壳聚糖溶液，振荡以使壳聚糖充分溶解在醋酸溶液中。再取 2 mg 的葡萄糖氧化酶，溶于 1 mL 的磷酸盐缓冲溶液（pH=5.5）中，充分振荡以使葡萄糖氧化酶混合均匀。取 10 μL 的 PR 悬浮液滴于预处理干净的 GCE 表面，自然风干后继续滴加 10 μL 的壳聚糖溶液，继续自然晾干，最后在修饰电极表面滴加 10 μL 的 GOD 溶液，自然干燥后即制得 GOD/CS/PR/GCE 葡萄糖传感器。该葡萄糖传感器的制备流程如图 2-1 所示。在传感器测量之前，将纯氮气吹入电解液至少 20 min 以去除溶解氧。

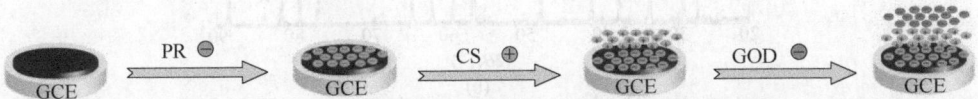

图 2-1 GOD/CS/PR/GCE 葡萄糖传感器的制备流程图

2.1.2 GOD/CS/PR/GCE 生物传感器的表征

由于实验中采用的是天然黄铁矿，为了进一步了解纯 FeS_2 及天然黄铁矿材料的结构和成分信息，采用 X 射线衍射（XRD）对纯 FeS_2 与天然黄铁矿的物相特征进行了研究。如图 2-2 所示，可以看出天然黄铁矿和纯 FeS_2 的 XRD 图谱中主要都含有 FeS_2；天然黄铁矿除了主要成分 FeS_2 外，还含有 ZnS、SiO_2 等杂质。两种矿物材料的成分分析结果见表 2-1，可以看出天然黄铁矿和纯 FeS_2 中 FeS_2 的含量分别为 78.8% 和 99.5%。此外，采用循环伏安法评价了用相同方法制备的

GOD/CS/PR/GCE 和 GOD/CS/FeS$_2$/GCE 的电化学性能，结果显示 GOD/CS/FeS$_2$/GCE 对葡萄糖的峰电流响应比 GOD/CS/PR/GCE 高 35%。因此，认为矿物的纯度对获得更好的电流响应很重要。

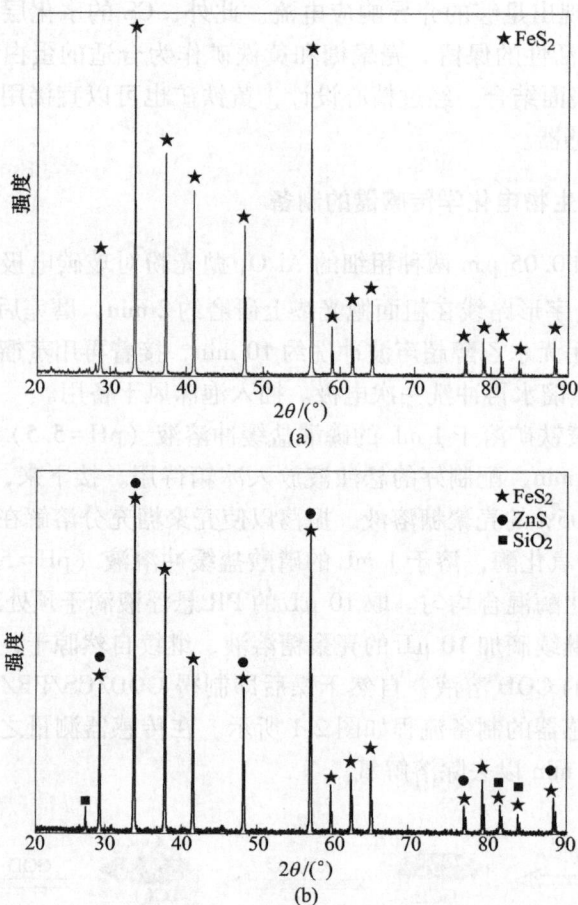

图 2-2　纯 FeS$_2$(a) 和天然黄铁矿（b) 的 XRD 图谱

表 2-1　纯 FeS$_2$ 和天然黄铁矿的成分分析

材　料	FeS$_2$ 含量/%	杂质含量/%
纯 FeS$_2$	99.5	0.5
天然黄铁矿	78.8	21.2

表面形貌是表征电化学传感器性能的一个重要因素。采用 FE-SEM 对 PR/GCE、GOD/PR/GCE、CS/PR/GCE 和 GOD/CS/PR/GCE 的结构和形貌进行表征，如图 2-3 所示。图 2-3（a）显示原黄铁矿呈块状。当 GOD 直接吸附在 PR

修饰的 GCE 上时，如图 2-3（b）所示，可以清晰地观察到 PR 的边缘，PR 表面的 GOD 层似乎很薄，因此推测当 GOD 直接吸附在 PR 修饰的 GCE 上时，无法完全覆盖 PR 表面，而是在 PR 表面形成了团聚的颗粒状物质。与图 2-3（b）相比，图 2-3（c）可以观察到颗粒状和圆形形貌，这是由于壳聚糖具有较强的成膜能力。当在 CS/PR/GCE 表面继续修饰 GOD 之后，如图 2-3（d）所示，可以看到 CS 很好地吸附了 GOD，CS/PR/GCE 表面吸附了较厚的 GOD 层。

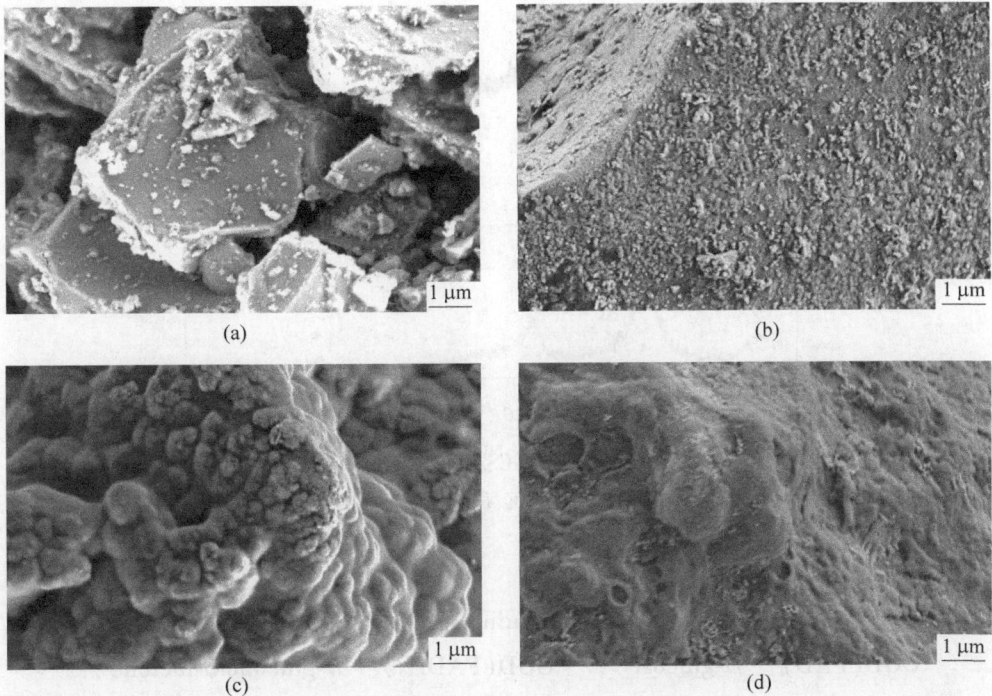

图 2-3 PR/GCE（a）、GOD/PR/GCE（b）、CS/PR/GCE（c）和
GOD/CS/PR/GCE（d）的 SEM 图像

为了验证上述推测，采用 XRD 技术对 PR/GCE、CS/GCE、CS/PR/GCE、GOD/PR/GCE 和 GOD/CS/PR/GCE 进行了分析。如图 2-4 所示，在没有 CS 修饰的情况下，即使在 GOD/PR/GCE 表面也能清晰地观察到 PR 的尖峰。然而，在 CS 存在的情况下，PR 的尖峰是看不见的。综上所述，CS 对紧密吸附带负电荷的 PR 和 GOD 至关重要，从而促使形成稳定的逐层结构。

2.1.3 不同修饰电极的电化学性能

本书相关研究以对苯二酚（HQ）为电子转移介质，考察了充氮气条件下壳聚糖改性 PR 基电极吸附 GOD 的生物催化活性。该生物传感器中葡萄糖的检测机

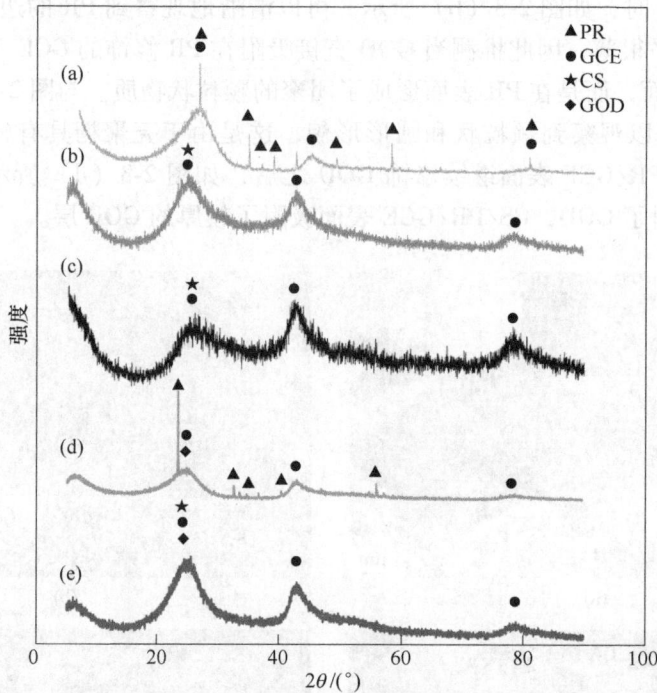

图 2-4　PR/GCE（a）、CS/GCE（b）、CS/PR/GCE（c）、GOD/PR/GCE（d）和
GOD/CS/PR/GCE（e）的 XRD 图谱

理如下：

$$HQ \longrightarrow p\text{-quinone} + 2H^+ + 2e^-$$

$$GOD(FAD) + D\text{-glucose} \longrightarrow GOD(FADH_2) + D\text{-glucono-}\delta\text{-lactone}$$

$$GOD(FADH_2) + p\text{-quinone} \longrightarrow GOD(FAD) + HQ$$

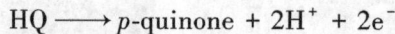

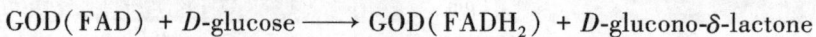

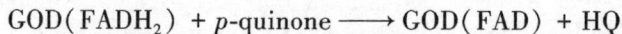

　　图 2-5 显示了四种不同修饰电极添加葡萄糖和不添加葡萄糖时的循环伏安曲线。在电位（vs. Ag/AgCl）为 0.6 V 时，GOD/CS/PR/GCE、GOD/CS/GCE、GOD/PR/GCE 和 GOD/GCE 对 20 mmol/L 葡萄糖氧化的催化电流分别为 66.0 μA、47 μA、6.9 μA 和 3.1 μA。对比图 2-5（c）和图 2-5（d）可以看出，PR 有助于提高 GOD 在 GCE 表面的生物催化活性。GOD/CS/GCE 的催化电流值约为 GOD/PR/GCE 的 6.8 倍，说明 CS 具有良好的黏附能力和对 GOD 的相反电荷。GOD/CS/PR/GCE 的最佳响应电流是 GOD/CS/GCE 的 1.4 倍。笔者推测 CS 和 PR 的协同作用将有助于保持适当的方向，提高 GOD 的生物催化活性。

　　固定化酶的结构和构象对酶基生物传感器的电催化活性和电子传递性能有很大影响。为了获得修饰电极的电化学性能，在 100 mV/s 的扫描速率下，测量了在磷酸盐缓冲溶液（0.1 mol/L，pH=5.5）中含 5 mmol/L 的 [Fe(CN)$_6$]$^{3-/4-}$ 的

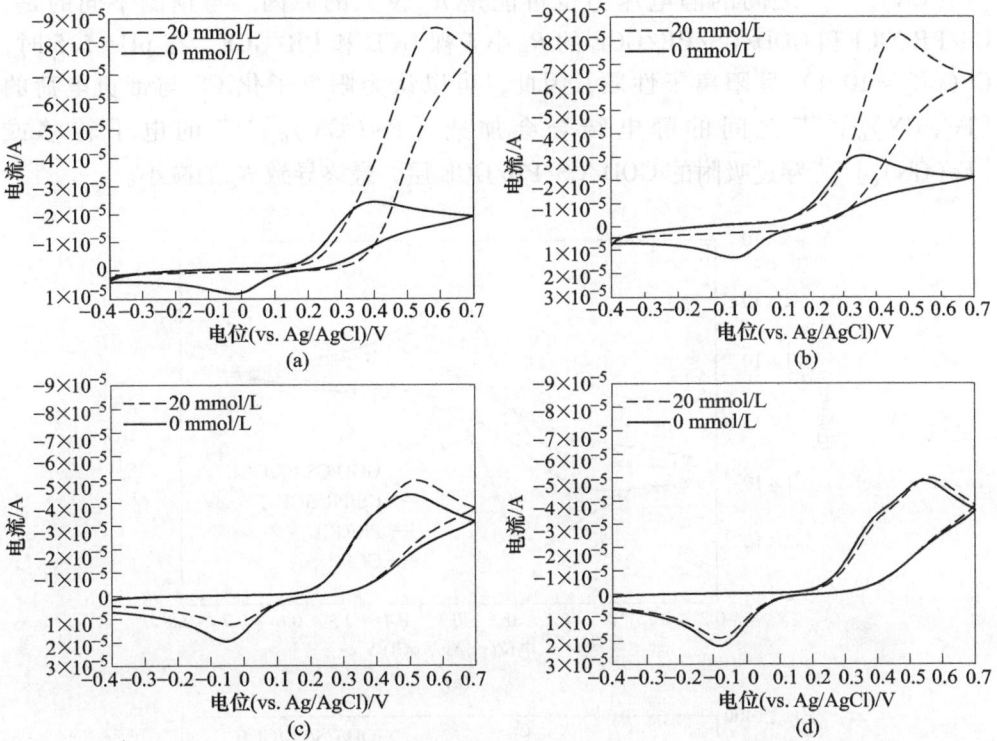

图 2-5 GOD/CS/PR/GCE（a）、GOD/CS/GCE（b）、GOD/PR/GCE（c）、
GOD/GCE（d）的循环伏安曲线

条件下 GOD/CS/PR/GCE、CS/PR/GCE、PR/GCE 和裸 GCE 的循环伏安曲线
[见图 2-6（a）]。CS/PR/GCE、GOD/CS/PR/GCE、裸 GCE 和 PR/GCE 的氧化
峰和还原峰的电位差分别为 101 mV、171 mV、328.7 mV 和 402 mV。与裸 GCE
和 PR/GCE 相比，CS 修饰电极（GOD/CS/PR/GCE、CS/PR/GCE）具有提高电
子转移速率的趋势。

　　EIS 是评价修饰电极表面界面性能的有效工具。电荷转移电阻（R_{ct}）可以根
据奈奎斯特图的半圆直径来量化，它是评价吸附在电极表面的蛋白质层的界面特
性的一个有用参数。在兰德尔等效电路的基础上，通过拟合奈奎斯特图计算电荷
转移电阻。实验中假设电活性物质可以通过黄铁矿、壳聚糖和葡萄糖氧化酶材料
的孔径直接扩散到电极表面，并参与电极表面的反应。图 2-6（b）分别为以
$[Fe(CN)_6]^{3-/4-}$ 作为电化学氧化还原探针得到的 GOD/CS/PR/GCE、CS/PR/
GCE、PR/GCE 和裸 GCE 的 EIS 图谱。CS/PR/GCE、GOD/CS/PR/GCE、裸 GCE
和 PR/GCE 修饰电极的 R_{ct} 分别为 75 Ω、240 Ω、570 Ω 和 700 Ω。与裸 GCE 相
比，PR/GCE 的 R_{ct} 较大，这与黄铁矿的半导体性有关。此外，带负电荷的 PR 与

［Fe(CN)$_6$］$^{3-/4-}$ 之间的静电斥力也可能是 R_{ct} 较大的原因。与预测不同的是，CS/PR/GCE 和 GOD/CS/PR/GCE 的 R_{ct} 小于裸 GCE 和 PR/GCE。在 pH=5.5 时，CS(pK_a≈10.4) 呈阳离子性质，因此，可以认为阳离子化 CS 与带负电荷的 ［Fe(CN)$_6$］$^{3-/4-}$ 之间的静电结合会加速 ［Fe(CN)$_6$］$^{3-/4-}$ 的电子转移或 ［Fe(CN)$_6$］$^{3-/4-}$ 穿过吸附的 GOD/CS/PR/GCE 层，最终导致 R_{ct} 的减小。

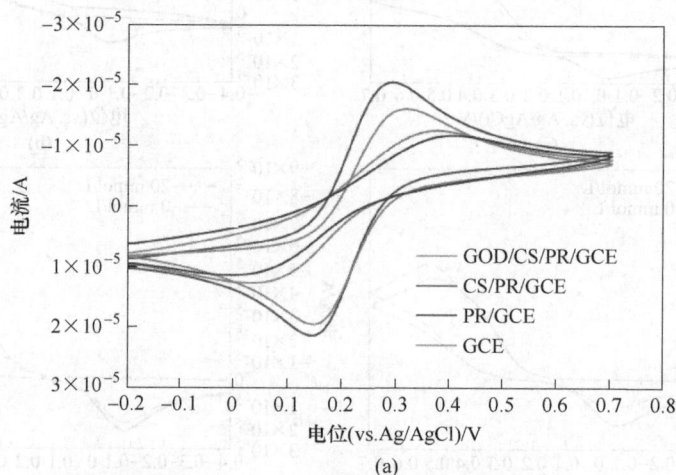

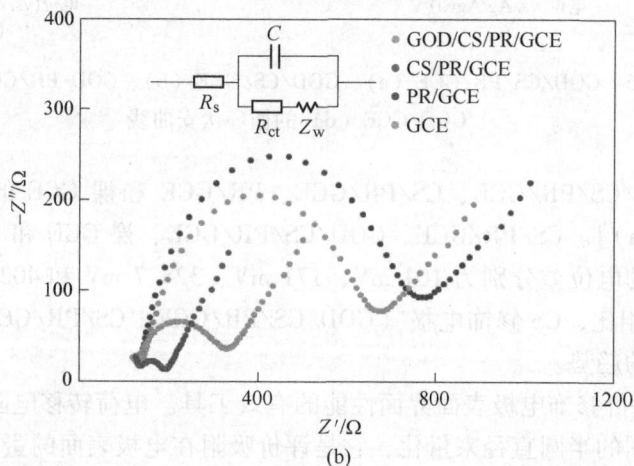

(a)

(b)

图 2-6　GOD/CS/PR/GCE、CS/PR/GCE、PR/GCE 和
裸 GCE 的循环伏安曲线 (a) 和 EIS 图谱 (b)

2.1.4　GOD/CS/PR/GCE 测定条件的优化

　　不同的制备条件对传感器的性能也有比较大的影响。为了得出传感器制备的最优条件，以 20 mmol/L 葡萄糖作为 GOD/CS/PR/GCE 传感器的酶检测底物，

利用 CV 曲线，研究在不同条件下制备的传感器对葡萄糖的检测情况。黄铁矿是本实验制备传感器的主要材料，图 2-7 （a）展示了黄铁矿浓度从 20～80 mg/mL 的优化，从图中可以看出响应电流随黄铁矿浓度的增加呈现先增大后减小的趋势，在黄铁矿浓度为 40 mg/mL 时电流达到了最大值。因此，将 40 mg/mL 的黄铁矿作为本实验的最佳浓度。过高和过低的黄铁矿浓度都不利于 GOD 发挥最大的催化活性，以此为基础优化其他条件。接下来研究了壳聚糖浓度在 0.02%～0.30% 范围内对峰电流响应的影响，结果如图 2-7 （b）所示。响应电流也是随壳聚糖浓度的增加先增大后减小。当壳聚糖浓度为 0.05% 时，GOD/CS/PR/GCE 的电流响应达到最大值。一定量的 CS 对保持 GOD 在 PR 表面的黏附能力至关重要。然而，高浓度的壳聚糖会阻碍 GOD 的电子转移速率。因此，接下来的实验中使用的是浓度为 0.05% 的壳聚糖。

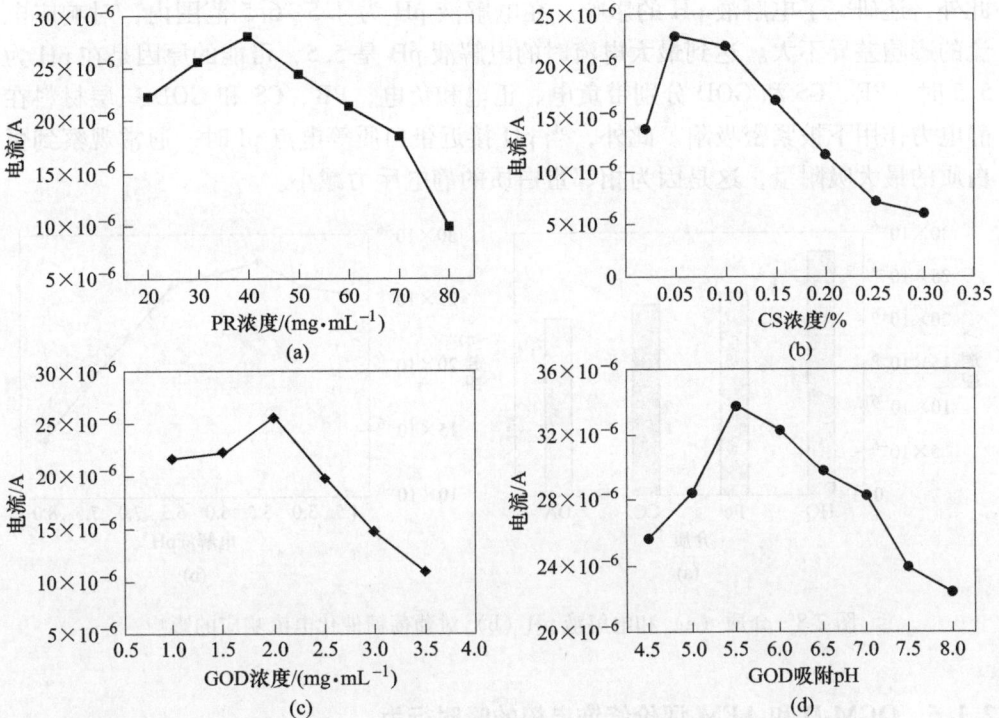

图 2-7　PR 浓度（a）、CS 浓度（b）、GOD 浓度（c）和 GOD 吸附 pH(d)
对葡萄糖催化电流响应的影响

　　在以黄铁矿最优浓度 40 mg/mL、壳聚糖最优浓度 0.05% 的基础上，对葡萄糖氧化酶的浓度进行优化。选取 GOD 浓度为 1.0 mg/mL、1.5 mg/mL、2.0 mg/mL、2.5 mg/mL、3.0 mg/mL、3.5 mg/mL，得到的 GOD/CS/PR/GCE 的最佳电化学性能如图 2-7 （c）所示，从图中可以看出电流值随着酶浓度的增加而增大，当酶浓度大于 2.0 mg/mL 时，电流值降低，可能是由于酶过量会阻碍电子的转移速率，所以 2.0 mg/mL 为 GOD 的最优浓度。吸附 pH 对固定化酶很重要，本书研究了 GOD 吸附 pH 为 4.5~8.0 范围内对葡萄糖响应电流的影响［见图 2-7 (d)］。实验结果表明，在 pH 为 5.5 时电流响应值达到最大，也有其他文献资料说明 GOD 的最佳溶解 pH 为 5.5，与本书实验结果一致。

由于检测过程通常受到溶解氧的影响，采用各种氧化还原活性介质，如对苯二酚、己二氰铁氧酸 (Ⅲ)、对苯醌、邻苯二酚、多巴胺、二茂铁衍生物，取代分子氧作为 GOD 的电子受体，可以消除第二代 GOD 生物传感器中溶解氧对测试的干扰。本书相关研究选取对苯二酚 (HQ)、二茂铁 (Fc)、邻苯二酚 (CC) 和多巴胺 (DA) 四种介质进行了比较。从图 2-8 (a) 中可以看出，在所选介质中，HQ 对传感器的响应电流最大。因此，在后续的实验中，选择 HQ 作为介质。此外，还研究了电解液 pH 的影响。在电解液 pH 为 4.5~6.5 范围内，对响应电流的影响差异不大。达到最大电流时的电解液 pH 是 5.5，可能的原因是在 pH 为 5.5 时，PR、CS 和 GOD 分别带负电、正电和负电，PR、CS 和 GOD 三层材料在静电力作用下被紧密吸附。此外，当 pH 接近蛋白质等电点 pI 时，通常观察到蛋白质的最大吸附量，这是因为相邻蛋白质的静电斥力减小。

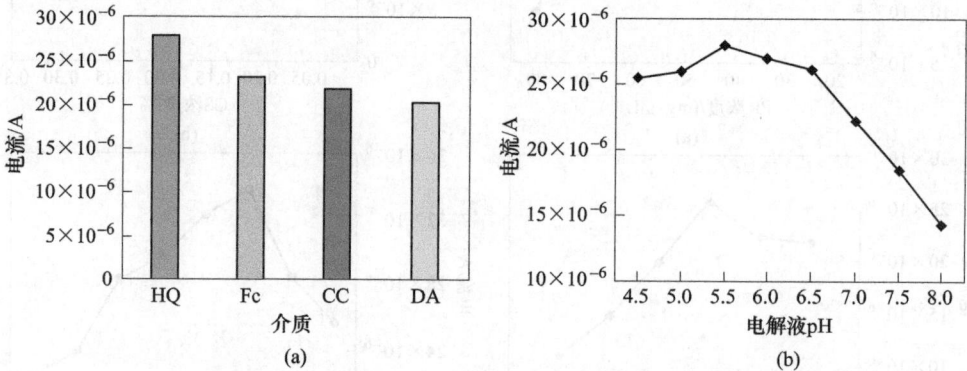

图 2-8 介质 (a) 和电解液 pH (b) 对葡萄糖催化电流响应的影响

2.1.5 QCM-D 和 AFM 评价修饰电极的吸附行为

石英晶体微天平 (QCM-D) 可以通过共振频率的变化来测量吸附组分的质量变化，通过耗散因子的变化来获得黏弹性信息。将石英晶体振荡器的表面质量变化转化为输出电信号的频率变化，用来表征吸附蛋白的质量变化和厚度。此外，QCM-D 还可以评价蛋白质的构象变化和生物分子膜的水化水平。

为了研究修饰电极之间的吸附机理，定制了 QCM-D 专用的纯 FeS_2 芯片来研究 FeS_2、CS 和 GOD 之间的吸附。图 2-9 (a) 显示了 FeS_2、CS 以及 GOD 逐级吸附（GOD/CS/FeS$_2$）的 QCM-D 结果。图 2-9（b）显示了单独的 GOD 在 FeS$_2$ 芯片上的吸附情况（GOD/FeS$_2$）。从实验结果可以看出，图 2-9（a）中第一个频率下降与壳聚糖在 FeS$_2$ 芯片上的吸附有关。净 ΔF（频率变化）逐渐增加到约 30 Hz，这与吸附 CS 的质量相对应。在 1500 s，当 GOD 被注入系统中时，频率进一步从-30 Hz 下降到-220 Hz（净 ΔF，190 Hz），说明大量的 GOD 被吸附在 CS 表面。当吸附平稳之后，即使在检测系统中加入蒸馏水（DW），吸附的 GOD 在 CS 修饰的 FeS$_2$ 芯片上也基本稳定，虽然先由于水的吸附而频率暂时增加，但后又因水的不稳定性而频率再次降低。图 2-9（b）显示，在单独吸附 GOD 的情况下，净 ΔF 约为 75 Hz。GOD/CS/FeS$_2$ 对 GOD 的吸附量约为 GOD/FeS$_2$ 的 2.4 倍。此外，吸附的 GOD 在 FeS$_2$ 表面非常不稳定，在加入 DW 后极易与 FeS$_2$ 表面分离。以上结果表明，预吸附壳聚糖的存在提高了 GOD 的吸附量。

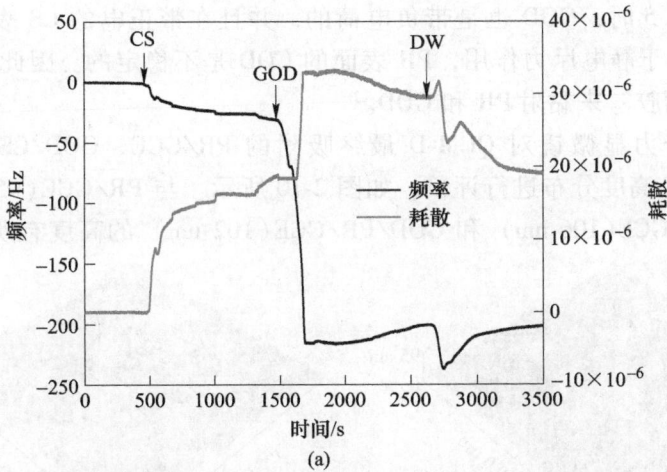

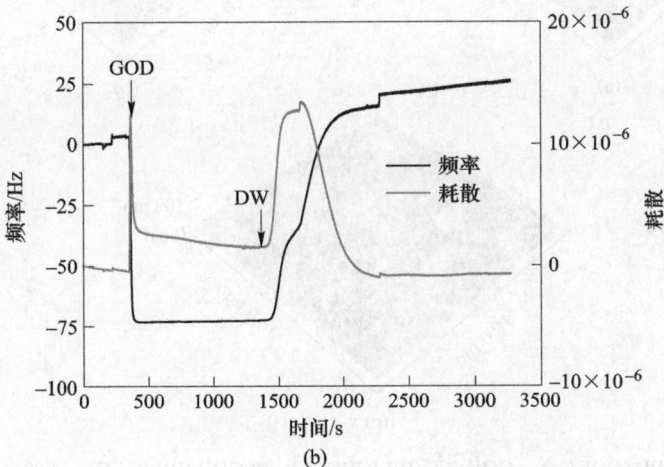

图 2-9　GOD/CS/FeS$_2$(a)、GOD/FeS$_2$(b) 在 FeS$_2$ 芯片上分步吸附的 QCM-D 响应

耗散的变化揭示了 FeS_2 芯片的黏弹性和形貌信息，可作为测量基底厚度、水化状态和构象的方法。图 2-9（a）中第一个快速增加的耗散（耗散变化用 ΔD 表示，此处 $\Delta D \approx 19 \times 10^{-6}$）证明了 CS 的吸附导致基底变厚。随后，由于 GOD 的进一步加入，耗散持续增加（$\Delta D \approx 15 \times 10^{-6}$）。然而，图 2-9（b）中单独吸附的 GOD（$GOD/FeS_2$）的最终 ΔD 是 0，这反映了 GOD 从 FeS_2 表面的快速分离。以上结果与图 2-5 中的 CV 数据一致。此外，$GOD/CS/FeS_2$ 层的 $\Delta D/\Delta F$ 为 82×10^{-9}。被吸附层的 $\Delta D/\Delta F$ 越小，说明 CS 和 GOD 在 $PR（FeS_2）$ 上的附着越紧密。

实验结果可以通过等电点的作用来解释。裸 PR 的等电点约为 3，当 pH>3 时，PR 表面带负电。CS 等电点约为 6.3，当 pH<6.3 时，CS 由于氨基的质子化而带正电荷。静电效应有助于稳定 CS 和 PR 的相互作用。GOD 的等电点为 4.2，所以在 pH=5.5 时，GOD 也是带负电荷的，并且在带正电的 CS 表面被紧密吸附。而通常由于静电斥力作用，PR 表面的 GOD 是不稳定的。因此，CS 可以作为一种"双面胶"来黏附 PR 和 GOD。

采用原子力显微镜对 QCM-D 最终吸附的 PR/GCE、GOD/CS/PR/GCE 和 GOD/PR/GCE 高度分布进行评价，如图 2-10 所示。与 PR/GCE（95 nm）相比，GOD/CS/PR/GCE（106 nm）和 GOD/PR/GCE（102 nm）的高度有所提高。由于

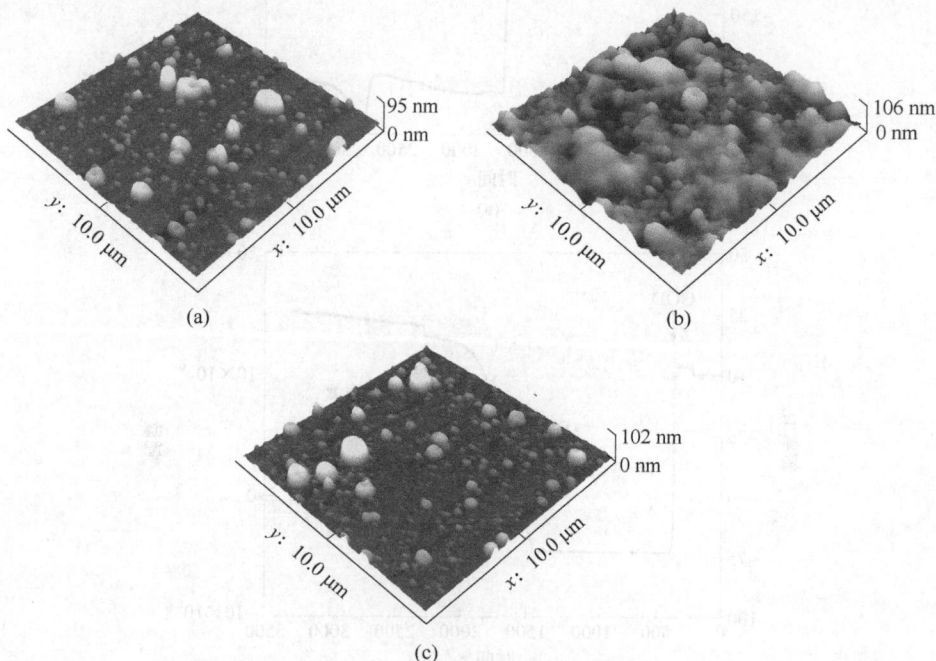

图 2-10　PR/GCE(a)、GOD/CS/PR/GCE(b) 和 GOD/PR/GCE(c) 的 AFM 图像

PR 的非均质性以及 PR、CS 和 GOD 的紧密吸附层，三个电极之间的高度差异很小。从图像形态上看，修饰的 GOD 将完全覆盖 CS/PR/GCE 表面。这一结果也符合 SEM 和 XRD 的测量结果。

2.1.6　葡萄糖在 GOD/CS/PR/GCE 生物传感器上的电化学行为

在充氮气的条件下，在含 5 mmol/L 的 HQ 的 0.1 mmol/L 磷酸盐缓冲溶液（pH=5.5）中，利用循环伏安法测试了 GOD/CS/PR/GCE 生物传感器对不同浓度葡萄糖的电流响应，如图 2-11 所示，其中的插图反映了电解质中葡萄糖浓度与催化电流之间的相关性。随着葡萄糖浓度的增加，催化电流也不断增大。GOD/CS/PR/GCE 生物传感器在葡萄糖浓度为 0.5~60 mmol/L 范围内与电流具有良好的线性关系，其线性回归方程为 $I=0.8970c-0.3016$，R^2 为 0.9996，检出限（LOD）为 50 μmol/L。表 2-2 总结了文献报道的基于 GOD 的葡萄糖生物传感器的比较。虽然 GOD/CS/FeS$_2$/GCE 生物传感器的 LOD 低于其他以合成纳米材料为基础的系统，但 GOD/CS/FeS$_2$/GCE 生物传感器仍显示出可接受的线性范围，特别是考虑到使用原始矿物作为支撑电极。

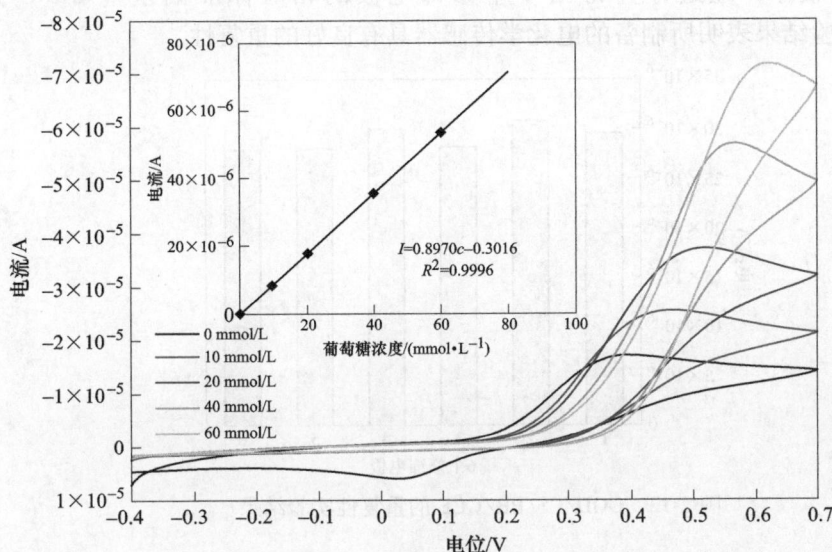

图 2-11 彩图

图 2-11　GOD/CS/PR/GCE 对不同浓度葡萄糖的循环伏安曲线

表 2-2　基于 GOD 的葡萄糖生物传感器的比较

修饰电极	电化学方法	线性范围/(mmol·L^{-1})	检出限/(μmol·L^{-1})
GOD/Pt/MOC/Au	计时电流法	0.05~3.7	50
GOD-mesoFe/C-Nafion/Pt	计时电流法	0.2~10	80

修 饰 电 极	电化学方法	线性范围/(mmol · L^{-1})	检出限/(μmol · L^{-1})
Nafion/GOD/OMC/GCE	计时电流法	0.5~15	156
GOD/AuNPs-MoS$_2$/Au	计时电流法	0.25~13.2	0.042
GOD/TCT/AP/OMC/GCE	差分脉冲伏安法	0.1~1	38
GOD/rMoS$_2$/CS/APTES/GCE	循环伏安法	3~20	—
GOD/CS/FeS$_2$/GCE	循环伏安法	0.5~60	50

2.1.7　GOD/CS/PR/GCE 生物传感器的重复性及稳定性

重复性和稳定性也是衡量传感器性能的重要指标。为了排除数据产生的偶然性，对 GOD/CS/PR/GCE 生物传感器进行了重复性测试实验。选取黄铁矿、壳聚糖、葡萄糖氧化酶最优浓度，调整磷酸盐缓冲溶液的 pH 至 5.5，挑选 6 个相同型号的玻碳电极，在所有制备条件、测试条件均相同的情况下，用 6 个修饰电极对 20 mmol/L 的葡萄糖进行测试，实验结果如图 2-12 所示，6 个修饰电极的电流响应差别较小，经过计算得出 6 个修饰电极的相对标准偏差（RSD）为 4.66%。实验结果表明所制备的电化学传感器具有良好的重复性。

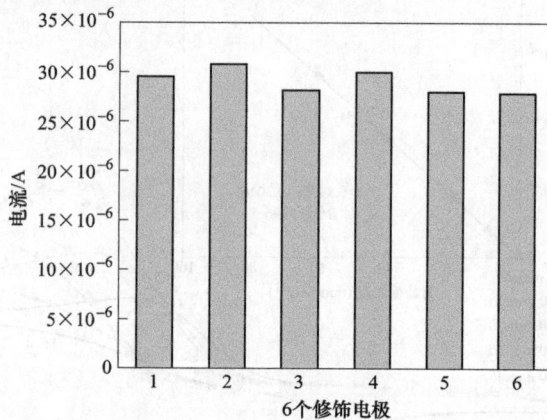

图 2-12　GOD/CS/PR/GCE 的重复性实验结果

接下来采用循环伏安法对 GOD/CS/PR/GCE 生物传感器的稳定性进行评估。图 2-13 显示了该生物传感器对 20 mmol/L 的葡萄糖在 2 h、4 h、24 h、48 h 和 72 h 的峰电流响应情况。结果发现，该生物传感器在 4 h、24 h、48 h 和 72 h 分别失去了 1.7%、2.3%、5.8% 和 6.9% 的初始电流响应，表明该电极具有良好的稳定性。由于黄铁矿、壳聚糖、葡萄糖氧化酶之间的强静电相互作用，以及黄铁矿良好的稳定性和壳聚糖良好的黏合性，有利于保持吸附 GOD 的电催化活性和稳定性。

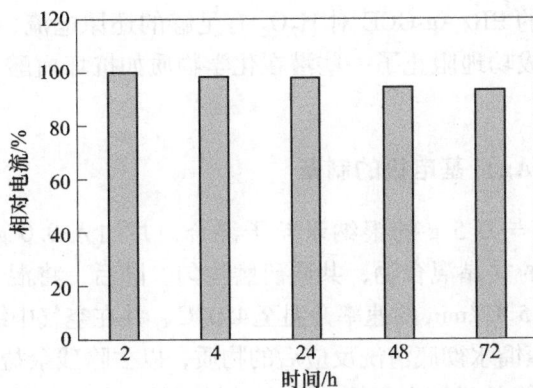

图 2-13　GOD/CS/PR/GCE 的稳定性实验结果

2.2　黄铁矿/银纳米粒子熔盐复合无酶传感器的制备及对过氧化氢的检测

熔盐合成法是一种环保且高效的制备均匀无机材料的化学手段。该方法采用低熔点盐类作为反应媒介，在熔融状态下促使化学反应发生。在此过程中，反应物因在熔盐中具有一定的溶解度，从而实现了原子级的均匀混合，有效提升了离子的扩散速度。反应完成后，借助适宜的溶剂溶解盐类，经过过滤与洗涤步骤，即可获得最终的合成产物。相较于传统的固态反应方法，熔盐合成法展现出工艺简化、合成温度降低、保温时间缩短以及产品纯度提升等诸多优势。此外，熔盐容易分离，可以循环使用，减少了成本和环境污染。

银纳米粒子因独特的物理化学性质，在电化学领域展现出一系列优异的性能。其通常具有较高的导电性，这是由于银纳米粒子的量子尺寸效应，使得电子在粒子内部的运动较少受到限制，从而使其导电性远高于宏观尺度的银材料。这种特性使得银纳米粒子适用于高效电子传输，能够提升电路性能。在电化学应用方面，银纳米粒子修饰的电极显示出较高的活性，表明银纳米粒子可以作为电极材料用于有机记忆存储器、生物传感器、电容器等。银纳米粒子由于独特的物理化学性质，被广泛应用于电化学和生物医学等领域。它可以作为有效的催化剂，加速 H_2O_2 的分解，产生各种中间活性氧，用于信号放大。同时，银纳米粒子具有促进电子从反应中心向电极表面转移的潜在能力。

在本节中，以天然黄铁矿（PR）和银纳米粒子（Ag）为材料，采用熔盐法制备了一种新型 H_2O_2 电化学传感器（PR/Ag-GCE）。在最佳条件下，制备的

PR/Ag-GCE 对 H_2O_2 的测定灵敏度高、响应快速且具有良好的选择性和操作稳定性。此外，所制备的 PR/Ag-GCE 对 H_2O_2 有足够的还原电流，但对 H_2O_2 没有氧化电流。这种行为成功地阻止了一些潜在化学物质如抗坏血酸、尿酸、多巴胺和酚类化合物的干扰。

2.2.1　熔盐（PR/Ag）基电极的制备

将 0.5 g 的 PR 与 0.5 g 的银纳米粒子混合，并加入 9.0 g 由 LiCl 和 KCl 按 45:55 质量比组成的共晶混合物，共同研磨均匀。随后，将混合粉末置于密封的氧化铝坩埚里，以 15 ℃/min 的速率升温至 450 ℃，并在空气中维持该温度 5 h。待冷却至室温，使用蒸馏水彻底清洗反应后的物质，以去除残余盐分。之后，将清洗过的粉末放置在 80 ℃ 的烘箱中干燥一整夜，得到的产品标记为 PR/Ag。然后，将 30.0 mg 的 PR/Ag 加入 1.0 mL 的 PBS(0.1 mol/L，pH=7.0) 中，超声 30 min 得到悬浮溶液。最后，将 10 μL 的悬浮溶液滴在清洁过的玻碳电极（GCE，直径为 3 mm）上，制备 PR/Ag-GCE 传感器。制备过程如图 2-14 所示。

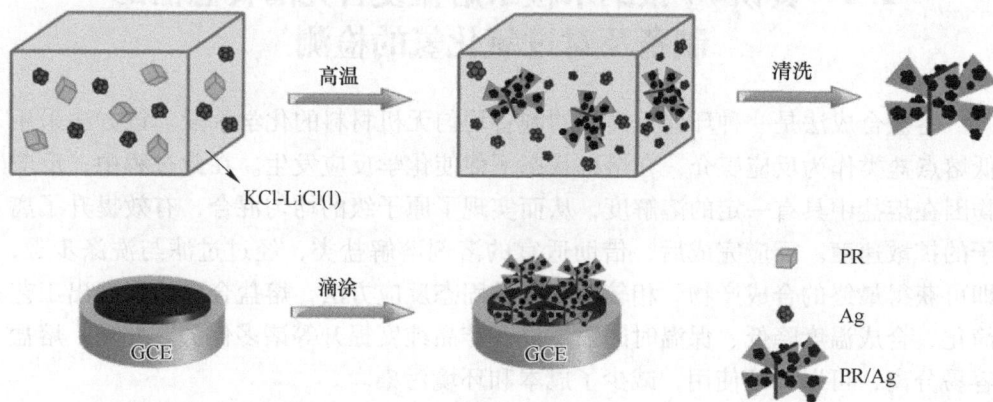

图 2-14　PR/Ag 熔盐复合修饰玻碳电极 PR/Ag-GCE 的制备示意图

2.2.2　PR 及 PR/Ag 复合材料的表征

用 XRD 对制备的材料进行了结构表征。图 2-15（a）和图 2-15（b）分别为银纳米粒子和 PR 的 XRD 图谱。图 2-15（a）中银的面心立方晶体结构的（111）、（200）、（220）和（311）面对应的衍射峰分别位于 38.1°、44.3°、64.4° 和 77.4° 附近。图 2-15（b）中观察到的衍射峰与 FeS_2 一致，FeS_2 是黄铁矿的主要成分，典型的衍射峰与相应的组分一致。PR/Ag 复合材料的 XRD 图谱如图 2-15（c）所示，与图 2-15（a）和图 2-15（b）相比，熔盐合成后出现了新的衍射峰，与合成的化合物相对应。在 24.18°、32.39°、35.67°、40.86°、49.48°

和 54.77°对应 Fe_2O_3 的结构,而 Fe_2O_3 是该反应中由于空气中的氧气参与而产生的副产物,同时还有未反应的 AgNPs 和 FeS_2 残留。从产物的成分可以看出,LiCl 和 KCl 不仅可以作为溶剂,还可以作为反应物参与合成反应。

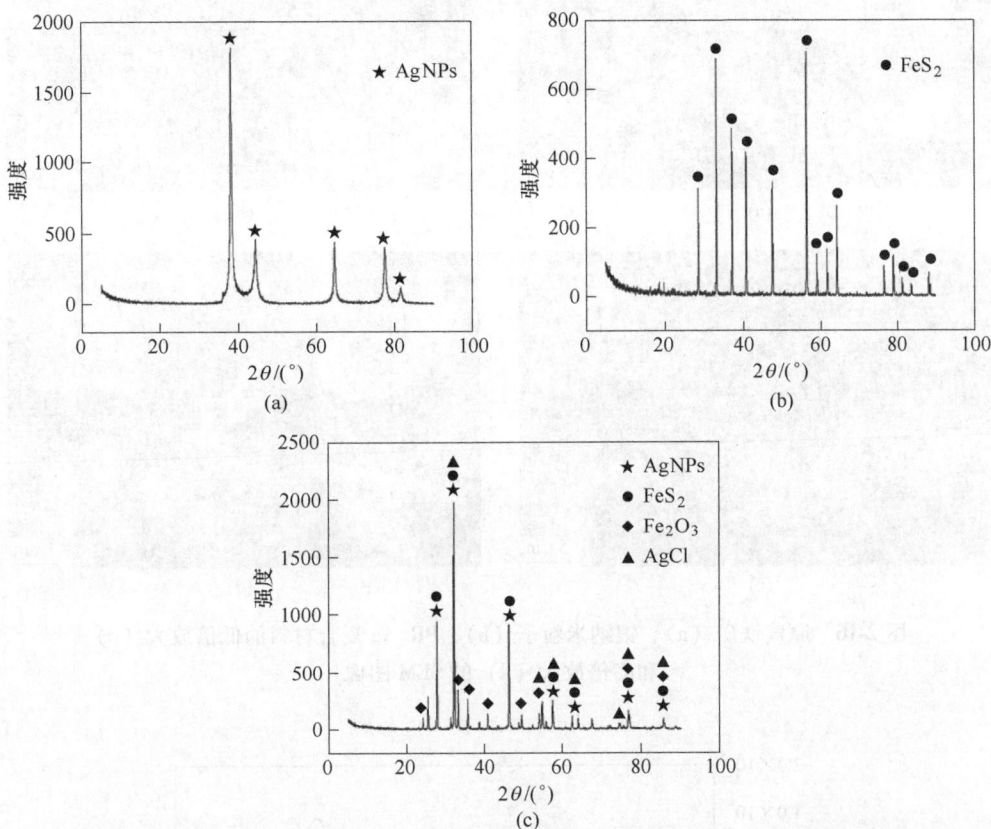

图 2-15 银纳米粒子 (a)、PR(b) 和 PR/Ag 复合材料 (c) 的 XRD 图谱

利用扫描电镜技术研究了原料和合成材料的形貌。块状黄铁矿的直径为 $1.0 \sim 10\ \mu m$[见图 2-16 (a)]。图 2-16 (b) 显示了银纳米粒子的典型 SEM 图像。图 2-16 (c) 和图 2-16 (d) 分别是黄铁矿和银纳米粒子熔盐复合材料的低倍和高倍放大图像。原黄铁矿熔化成楔形,如图 2-16 (c) 和图 2-16 (d) 所示。在熔盐合成过程中,银纳米粒子可以插入黄铁矿楔形层中。这种结构的变化对 PR 的比表面积的增大起着至关重要的作用。PR/Ag 复合材料的电导率比原黄铁矿高。

2.2.3 PR/Ag-GCE 传感器的电催化特性

图 2-17 显示了 Ag-GCE、PR-GCE 和 PR/Ag-GCE 在充氮气的饱和的 0.1 mol/L

图 2-16　原黄铁矿（a）、银纳米粒子（b）、PR／Ag 复合材料的低倍放大（c）
和高倍放大（d）的 SEM 图像

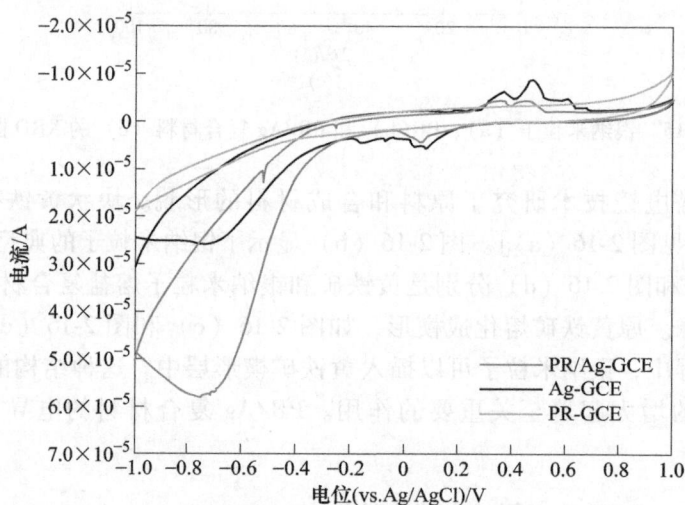

图 2-17　在 10 mmol/L 的 H₂O₂ 存在下，Ag-GCE、PR-GCE
和 PR／Ag-GCE 的循环伏安曲线

的 PBS(pH = 7.0) 中，在 10 mmol/L 的 H_2O_2 存在下的循环伏安曲线。与 Ag-GCE 和 PR-GCE 相比，PR/Ag-GCE 对 H_2O_2 的还原峰电流最大，这意味着该电极表面与 H_2O_2 之间的电子传递速率是三个电极中最高的。银纳米粒子的整合倾向于改善电导率、比表面积和生物相容性。因此，在熔盐合成过程中，在黄铁矿中加入银纳米粒子后，其电导率更高，活性位点更大。

为了评估所制备传感器的界面电子转移行为，在 0.1 mol/L 的除氧 PBS (pH = 7.0) 中，在 5 mmol/L 的 $[Fe(CN)_6]^{3-/4-}$ 存在下，测试了 Ag-GCE、PR-GCE 和 PR/Ag-GCE 三个修饰电极的 EIS 图谱（见图 2-18）。通过 EIS 图谱的半径计算得到 Ag-GCE、PR/Ag-GCE 和 PR-GCE 的电阻分别为 190 Ω、550 Ω 和 2100 Ω。实验结果表明，PR/Ag-GCE 表面的电子转移速率明显快于 PR-GCE 表面。从这一结果可以看出，熔盐复合材料（PR/Ag）的电导率远高于单独黄铁矿。因此认为银纳米粒子的加入对于获得快速的电子转移速率起着非常重要的作用。

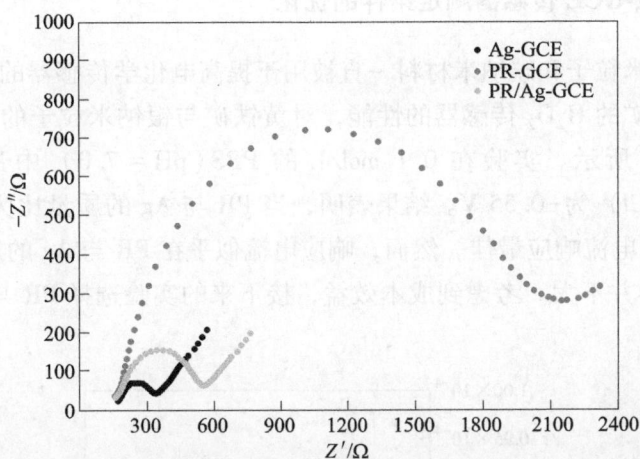

图 2-18　在 0.1 mol/L 的除氧 PBS(pH = 7.0) 中，在 5 mmol/L 的 $[Fe(CN)_6]^{3-/4-}$ 存在下，Ag-GCE、PR-GCE 和 PR/Ag-GCE 的 EIS 图谱

图 2-19（a）显示了在扫描速率为 50 mV/s 时，PR/Ag-GCE 对不同浓度 H_2O_2 的循环伏安曲线。实验结果表明，在 0~50 mmol/L 范围内，H_2O_2 的浓度和电流之间具有良好的线性关系，线性回归方程为 $I_{pa} = 8.7044c + 1.2418$ (R^2 = 0.9972)。在 N_2 饱和 PBS(pH = 7.0) 中，PR/Ag-GCE 对不同浓度 H_2O_2 的电流-时间曲线如图 2-19（b）所示。在前 6 次添加 10 mmol/L 的 H_2O_2 时，PR/Ag-GCE 的相对标准偏差（RSD）为 1.79%。

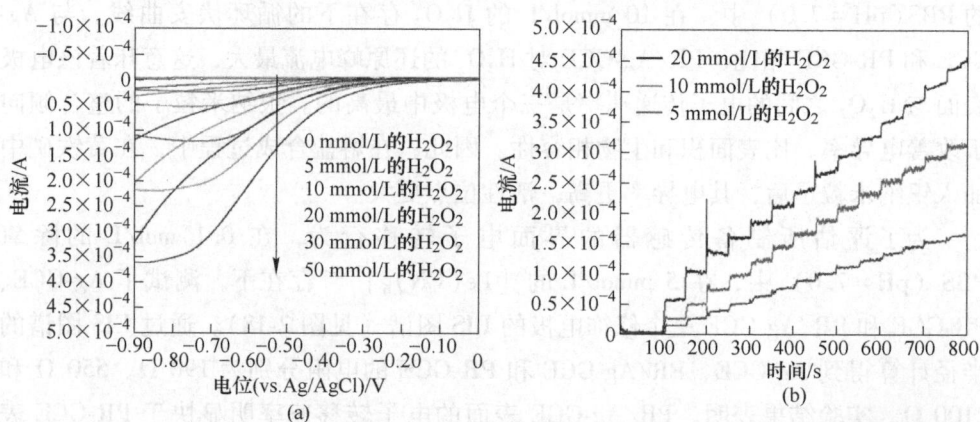

图 2-19　PR/Ag-GCE 对不同浓度 H_2O_2 的循环伏安曲线（a）

和电流-时间曲线（b）

图 2-19 彩图

2.2.4　PR/Ag-GCE 传感器测定条件的优化

　　贵金属纳米粒子和碳纳米材料一直被用于提高电化学传感器的导电性。为了提高基于黄铁矿的 H_2O_2 传感器的性能，对黄铁矿与银钠米粒子的比例进行了优化，如图 2-20 所示。实验在 0.1 mol/L 的 PBS（pH = 7.0）中进行，外加电位（vs. Ag/AgCl）为 -0.55 V。结果表明，当 PR 与 Ag 的质量比为 1 : 3 时，对 H_2O_2 的还原峰电流响应最佳。然而，响应电流似乎在 PR 与 Ag 的质量比为 1 : 3 和 1 : 1 时差异并不大。考虑到成本效益，接下来的实验选择 PR 与 Ag 的质量比为 1 : 1。

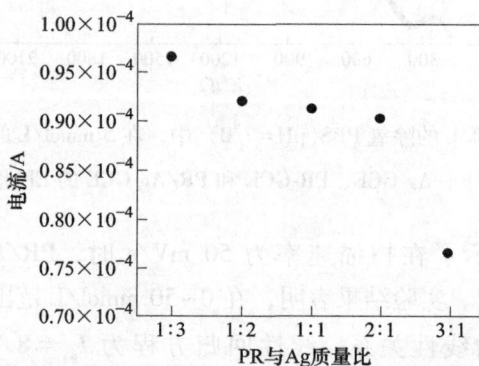

图 2-20　PR 与 Ag 质量比对 20 mmol/L 的 H_2O_2 电流响应的影响

　　图 2-21 显示了 PR/Ag 浓度对 H_2O_2 还原峰电流的影响。PR/Ag 在 GCE 表面

的覆盖程度和厚度均是获得较大还原峰电流的重要因素。还原峰电流随 PR/Ag 复合材料浓度的增加而增加，主要受 GCE 表面覆盖面积的影响。当 PR/Ag 浓度大于 60 mg/mL 时，受电子转移阻碍，阴极响应电流减小。

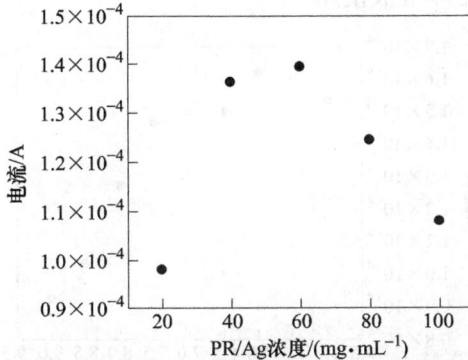

图 2-21　PR/Ag 浓度对 30 mmol/L 的 H_2O_2 电流响应的影响

外加电位是无酶传感器和生物传感器在 H_2O_2 检测中的一个重要参数。最大阴极电位（vs. Ag/AgCl）为 -0.55 V 时，获得 H_2O_2 的最大还原峰电流，如图 2-22 所示，实验在 0.1 mol/L 的 PBS（pH = 7.0）的 N_2 气氛下进行。在这个电位中，O_2 与 H_2O_2 竞争，导致还原峰电流重叠。在充 N_2 条件下的响应电流约为空气条件下电流的 60%。因此，N_2 气氛在该系统中是必不可少的。

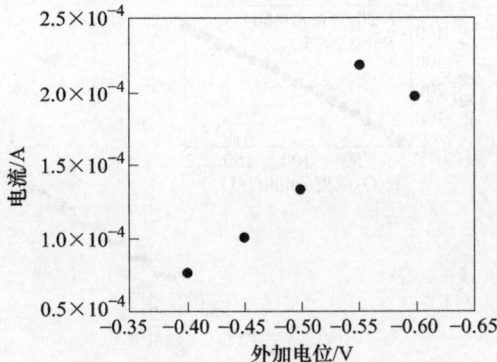

图 2-22　外加电位对 30 mmol/L 的 H_2O_2 电流响应的影响

电解液 pH 也是评价所制备传感器适用性的重要参数。研究电解液 pH 对传感器性能的影响，如图 2-23 所示，PR/Ag-GCE 传感器在 pH 为 6.0 时表现出最佳效果，这与之前直接使用黄铁矿作为电极检测 H_2O_2 的数据相似。有研究报道，对于无酶传感器，需要强酸性或强碱性溶液才能获得满意的响应电流。应该指出的是，从传感器实际使用的角度来看，强酸性和强碱性溶液都不可取。而本书的实验结果表明，可以在温和的电解液 pH 下获得良好的性能。这一发现不仅可以推动商业化应用进程，而且对未来研究如何与酶结合也是非常有利的。值得一提的是，黄铁矿未经提纯即可被使用。

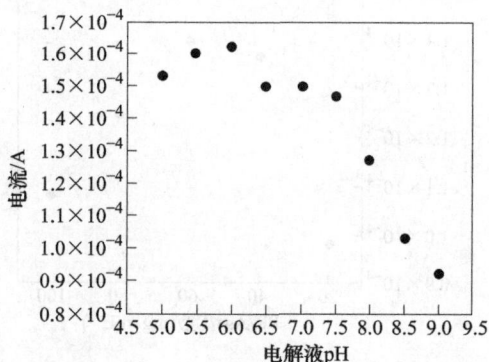

图 2-23 电解液 pH 对 30 mmol/L 的 H_2O_2 电流响应的影响

[外加电位（vs. Ag/AgCl）为 -0.55 V]

2.2.5 PR/Ag-GCE 传感器的电化学性能

图 2-24 显示了在 N_2 饱和 PBS（pH = 7.0）中，外加 -0.55 V 电位（vs. Ag/AgCl），

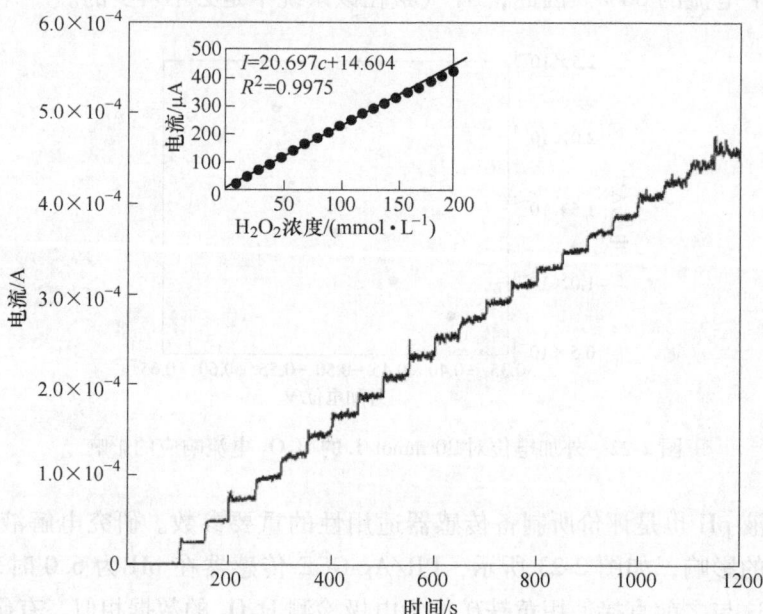

图 2-24 连续添加 10 mmol/L 的 H_2O_2 时，PR/Ag-GCE 的电流响应

连续添加 10 mmol/L 的 H_2O_2 时，PR/Ag-GCE 的电流响应。实验结果表明，PR/Ag-GCE 传感器具有良好的操作稳定性，连续 20 次测定 H_2O_2 的相对标准偏差为 6.58%。电解液中加入 H_2O_2 后，还原峰电流在 7 s 内达到稳态，说明 H_2O_2 在 PR/Ag-GCE 传感器上的渗透扩散速度较快。

PR/Ag-GCE 传感器对 H_2O_2 的线性检测范围为 0.1~30 mmol/L，检出限为 0.02 mmol/L（见图 2-25）。将 PR/Ag-GCE 传感器与文献报道的无酶传感器检测 H_2O_2 的性能进行了比较，如表 2-3 所示。本书所制备的 PR/Ag-GCE 传感器具有检测线性范围宽、灵敏度高、性价比高、制备方便等优点，虽然检出限并不优于其他的无酶传感器，但直接利用原生硫化物矿物作为传感器的基底材料，仍然具有进一步推广应用的价值。

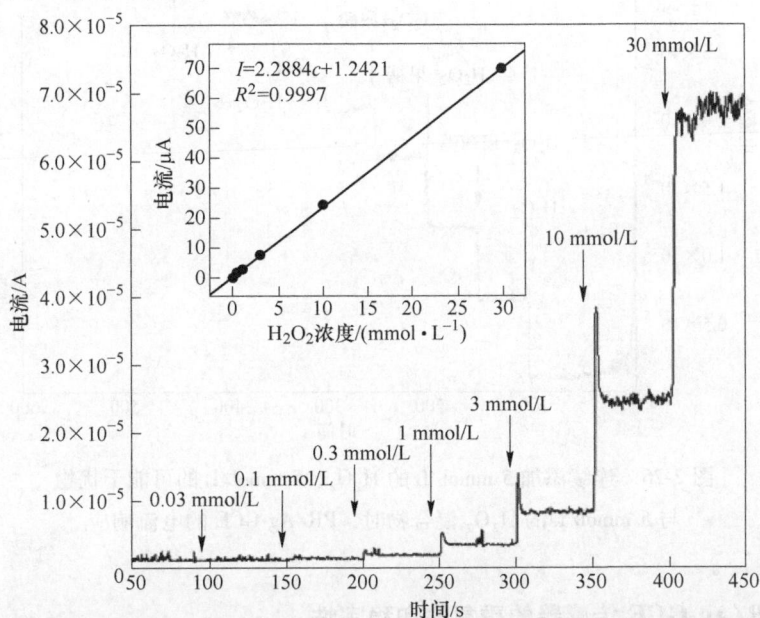

图 2-25 连续添加不同浓度 H_2O_2 时，PR/Ag-GCE 的稳态阴极电流响应

表 2-3 PR/Ag-GCE 传感器与文献报道的无酶传感器检测 H_2O_2 性能的比较

修饰电极	线性范围/(mmol·L^{-1})	检出限/(μmol·L^{-1})	灵敏度/(μA·mmol^{-1}·L·cm^{-2})
Au@Co$_3$O$_4$-S	0.0002~3.1	0.09	1127.3
FeS(F$_4$)	0.5~20.5	150	36.4
CuO/rGO/Cu$_2$O/Cu	0.5~9.7	50	366.2
CB/PI-GCE	0.006~10	1.0	—
GO-Ag	0.1~1.1	28.3	—
PR/Ag-GCE	0.1~30	20	603.54

对于无酶传感器和生物传感器来说，选择性是一个极其重要的性能因素。鉴于此，研究了 PR/Ag-GCE 传感器在尿酸、葡萄糖、果糖、K^+、Na^+ 和 Mg^{2+} 等常见干扰物存在下的抗干扰能力，以评估该传感器的实际使用情况。图 2-26 分别显示了 5 mmol/L 的 H_2O_2，以及 5 mmol/L 的 H_2O_2 在 5 mmol/L 的 Na^+、K^+、Mg^{2+}、葡萄糖、果糖和尿酸存在下的电流响应，可以看出电流没有明显的变化，说明 PR/Ag-GCE 传感器具有良好的选择性和可靠的抗干扰能力。

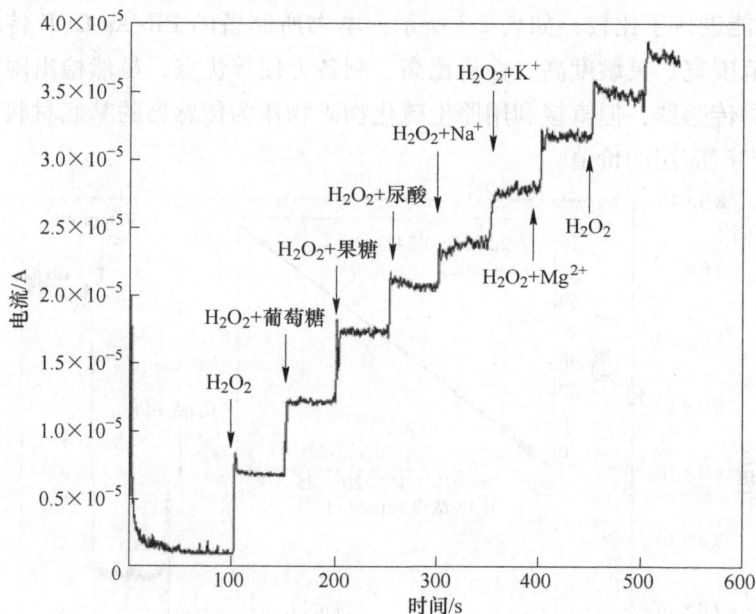

图 2-26　连续添加 5 mmol/L 的 H_2O_2、5 mmol/L 的可能干扰物
与 5 mmol/L 的 H_2O_2 混合物时，PR/Ag-GCE 的电流响应

2.2.6　PR/Ag-GCE 传感器的重复性和稳定性

接下来对修饰电极的重复性进行评价，以同样的制备方法制作 5 个 PR/Ag-GCE 传感器，并对 10 mmol/L 的 H_2O_2 进行检测，5 个传感器对 10 mmol/L 的 H_2O_2 电流响应的 RSD($n=5$) 为 2.84%，说明重复性良好。稳定性是判断传感器性能的重要指标。利用制备的 PR/Ag-GCE 传感器检测 5 mmol/L 的 H_2O_2 的稳定性，如图 2-27 所示。将制备好的 PR/Ag-GCE 传感器在 4 ℃ 的冰箱中保存 10 天，在第 1 天、第 5 天、第 10 天对其性能进行测试。在保存 5 天和 10 天后，其活性分别保持在原来的 91.2% 和 55.2%，表明 PR/Ag-GCE 传感器具有可接受的稳定性。由于熔盐易于从 GCE 表面分离，因此可以通过将熔盐压缩成固体电极来提高稳定性。

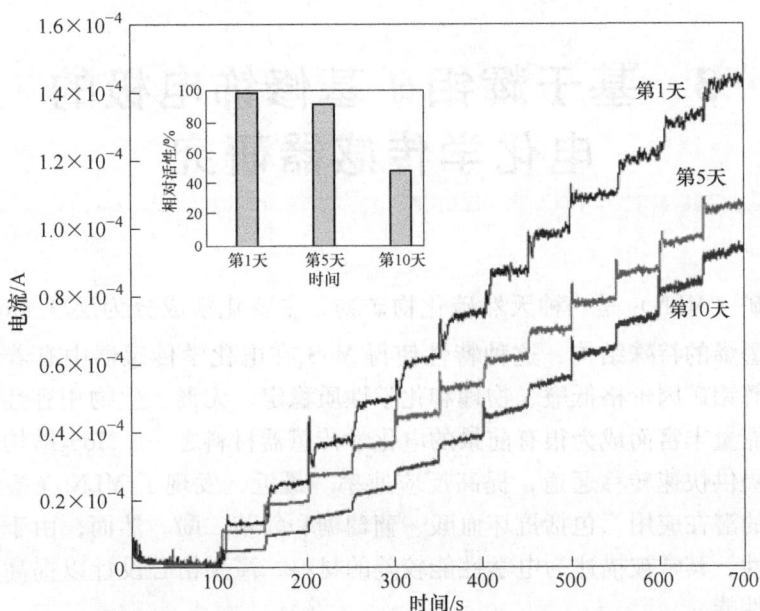

图 2-27 连续添加 5 mmol/L 的 H_2O_2 后，PR/Ag-GCE 在不同贮存天数的电流响应

2.2.7 实际样品分析

接下来评估 PR/Ag-GCE 传感器对真实样品的适用性。在日常生活中，H_2O_2 被广泛用于饮用水瓶的消毒灭菌。饮用水中残留 H_2O_2 浓度的测定在食品工业中具有重要意义。通过测试饮用水样品的电流响应，对 PR/Ag-GCE 传感器的适用性进行了研究，结果如表 2-4 所示。该传感器的回收率为 95.0% ~ 96.7%，实验结果与标准滴定法结果相符。

表 2-4 PR/Ag-GCE 传感器对饮用水中 H_2O_2 的分析结果

样品	原始浓度 /(mmol · L^{-1})	检测浓度 /(mmol · L^{-1})	相对标准偏差 /%	回收率/%
1	50	47.5	2.24	95.0
2	100	96.7	2.64	96.7
3	200	190	1.41	95.0

3 基于辉钼矿基修饰电极的电化学传感器研究

辉钼矿（MLN）是一种天然硫化物矿物，主要化学成分为层状 MoS_2。MoS_2 具有类石墨烯的特殊结构，这种特性使得 MoS_2 在电化学传感器中有着非常重要的应用。辉钼矿因价格低廉、物理和化学性质稳定、无毒、生物相容性好以及在自然界中储量丰富而成为很有前景的电化学传感器材料之一。MoS_2 结构独特，可以为电子提供快速转移通道，提高反应速率。最近，发现了 MLN 在检测各种分析物方面的潜在应用，包括抗坏血酸、葡萄糖和邻苯二酚。然而，由于辉钼矿的半导体特性，其常被描述为电学性能较差的材料，需要精心设计以提高其导电性和电化学性能。

3.1 炭黑掺杂辉钼矿基无酶传感器的制备及对尿酸、多巴胺和抗坏血酸的检测

UA、DA 和 AA 是人体生理过程中非常重要的化学物质，与人体的健康息息相关。准确监测血液或尿液中 UA、DA 和 AA 的浓度非常重要，因为 UA、DA 和 AA 浓度异常是人体内相关疾病的有效早期预警信号。这三种物质在生物体中总是共存的，它们表现出几乎相同的氧化电位。因此，开发一种快速、灵敏的可同时检测 AA、DA 和 UA 的方法尤为重要。

近年来，电化学传感器因成本低、制备方便、灵敏度高、反应速度快等优点受到广泛关注。金属配合物、纳米颗粒、碳纳米管、石墨烯、MoS_2 和导电聚合物等多种材料被用于修饰电极，以提高传感器的性能，而将 MoS_2 与纳米导电材料进行物理结合是提升传感器性能的一种简单且有效的方法。炭黑（CB）的主要成分是碳，其是世界上开发最早、应用最早、目前产量最大的纳米材料，基本粒径在 $10\sim100$ nm 之间，具有优良的着色、补胶、导电及紫外线吸收能力。CB 具有优良的导电性，由于其纳米级的尺寸和较大的比表面积，可以提供大量的活性位点，因此在电化学传感器方面有着非常广泛的应用。此外，CB 还具有分散性好、成本低等优点。有报道将 CB 与其他材料结合使用，以提高电化学测试的灵敏度和选择性。CB 与 MLN 复合后具有较高的比表面积、分散性、导电性和电子传递能力。CB 和氧化石墨烯（GO）结合修饰电极为测定尿酸提供了良好的电导

率和电化学活性。CB 掺杂聚酰亚胺（PI）修饰的玻碳电极对过氧化氢的测定具有良好的电催化活性和稳定性。然而，尚无使用 CB 和 MLN 结合修饰电极同时测定 UA、DA 和 AA 的报道。

在本节中，首次将辉钼矿与炭黑结合，在玻碳电极上进行改性，制备了 MLN-CB/GCE 无酶电化学传感器，成功地实现了 UA、DA 和 AA 的同时测定。通过实验，研究了 MLN-CB/GCE 的形貌和电化学行为。结果表明，CB 与 MLN 的协同作用可加速电化学催化反应，并且对 UA、DA 和 AA 的氧化电位分离良好。所制备的传感器表现出良好的电化学性能，包括良好的稳定性、选择性和重复性；此外，还具有制备简易、经济、快速等优点。该传感器已成功应用于人体尿液中 UA 和饮料中 AA 的测定。

3.1.1 MLN-CB/GCE 传感器的制备

（1）传感器电极材料的制备。首先在电子天平上称取 30 mg 辉钼矿和 30 mg 炭黑，然后加入 1 mL 的 pH = 7 的磷酸盐缓冲溶液（PBS），接着放入超声波振荡器中振荡 15 min，最后将配制好的悬浊液放入冰箱待用。

（2）尿酸、多巴胺、抗坏血酸溶液的配制（三种溶液都配制 10 mmol/L）。分别称取 16.8 mg 的尿酸、15.3 mg 的多巴胺和 17.6 mg 的抗坏血酸放入三支 10 mL 离心管内，再用移液枪依次吸取 10 mL 的 PBS(pH = 7) 加入三支离心管内，振荡至溶解完全，配制好的溶液放入冰箱待用。需要注意的是，由于多巴胺在空气中容易被氧化，所以多巴胺溶液需现用现配。

（3）电化学传感器的制备。将 10 μL 的 MLN 和 CB 的混合悬浊液滴于预处理干净的 GCE 表面，在空气中自然晾干，所得传感器记为 MLN-CB/GCE。图 3-1 展示了 MLN-CB/GCE 传感器的制备过程。

3.1.2 MLN-CB/GCE 传感器的表征

表面形貌是电化学传感器性能表征的一个重要部分。采用 FE-SEM 对 MLN/GCE 和 MLN-CB/GCE 的结构和形貌进行了表征，如图 3-2 所示。从图 3-2（a）和图 3-2（b）中可以看出，MLN 改性后的 GCE 表面呈典型的辉钼矿层状结构。由于天然辉钼矿的二维层状结构，辉钼矿呈鳞片状，层层堆叠，每一片辉钼矿都有较大的比表面积。辉钼矿与炭黑改性 GCE 物理混合的 SEM 图像如图 3-2（c）和图 3-2（d）所示，可以看出炭黑粒径较小，比表面积较大，将辉钼矿与炭黑结合可以有效提高电子的转移速率。

采用 X 射线衍射（XRD）研究了天然 MLN、CB 以及 MLN-CB 的物相特征，结果如图 3-3 所示。从图 3-3（a）可以看出，天然 MLN 的主要杂质是少量的 SiO_2，MoS_2 在 14.8°、39.5° 和 49.8° 处分别出现三个明显的强衍射峰，与卡库中

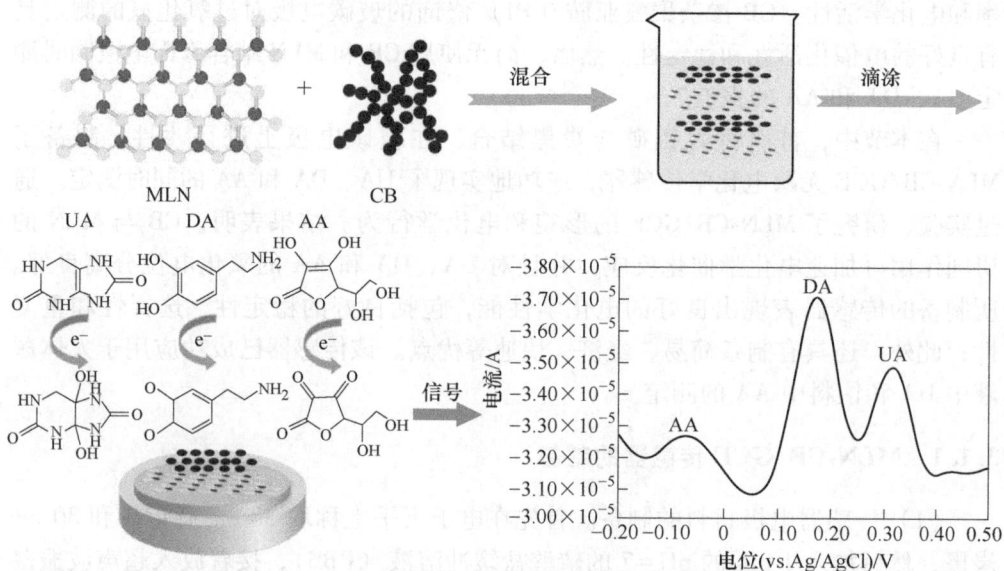

图 3-1　MLN-CB/GCE 传感器的制备

图 3-2　MLN/GCE（a）（b）和 MLN-CB/GCE（c）（d）的 SEM 图像

六方 MoS_2（2H-MoS_2，JCPDS 37-1492）的衍射峰一致。CB 是一种非晶态碳，从图 3-3（b）可以看出，CB 在 24°和 44°处分别出现两个非晶态峰，与文献中描述的 CB 的衍射峰一致。辉钼矿与炭黑混合物（MLN-CB）的 XRD 图谱分别显示了辉钼矿和炭黑的特征峰，见图 3-3（c）。

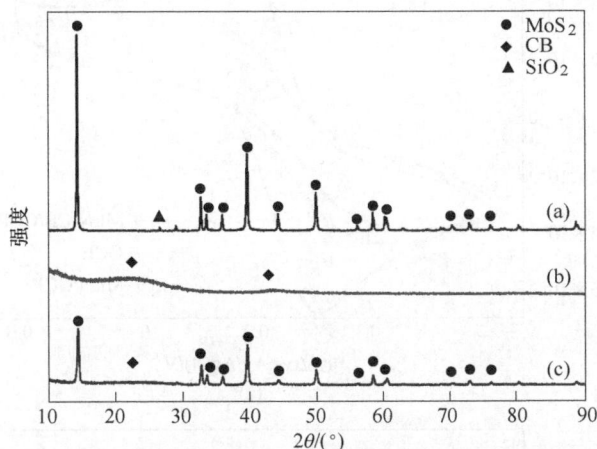

图 3-3 天然 MLN(a)、CB(b) 和 MLN-CB(c) 的 XRD 图谱

3.1.3 MLN-CB/GCE 传感器的电化学性能

电极上修饰不同的电化学材料会影响传感器的电催化活性和电子传递性能。为了获得修饰电极的电化学信息，在含 5 mmol/L 的 $[Fe(CN)_6]^{3-/4-}$ 的 0.1 mol/L 的 PBS(pH=7) 电解液中（$[Fe(CN)_6]^{3-/4-}$ 作为氧化还原反应探针），以 50 mV/s 的扫描速率测量了 MLN-CB/GCE、裸 GCE 和 MLN/GCE 的循环伏安曲线，如图 3-4（a）所示。从图 3-4（a）中可以看出，MLN-CB/GCE、裸 GCE、MLN/GCE 的氧化峰和还原峰之间的电位差分别为 132.6 mV、293.9 mV 和 344 mV。与裸 GCE 和 MLN/GCE 相比，MLN-CB/GCE 的峰电位差值最小。实验结果表明 MLN-CB/GCE 具有最高的电导率和最快的电子转移速率。

电荷转移电阻（R_{ct}）是评价电极表面吸附层的电子传递特性的一个非常有用的参数，可以用奈奎斯特图的半圆的直径来量化。在兰德尔等效电路的基础上，通过拟合奈奎斯特图来计算电荷转移电阻。假设电活性物质可以通过矿物和炭黑材料的孔径直接扩散到电极表面，并参与电极表面的反应，进行相关实验。图 3-4（b）为 MLN-CB/GCE、裸 GCE 和 MLN/GCE 的 EIS 图谱。经过计算得出 MLN-CB/GCE、裸 GCE 和 MLN/GCE 的 R_{ct} 分别为 345 Ω、1247 Ω 和 1609 Ω。与裸 GCE 相比，MLN/GCE 表现出更大的 R_{ct} 值，可能是由于辉钼矿的半导体性。而 MLN-CB/GCE 的 R_{ct} 值在三种改性电极中最小，说明炭黑具有良好的导电性，炭黑与辉钼矿混合后可增加电极的有效比表面积和活性位点，从而加快电极表面的电子转移速率。

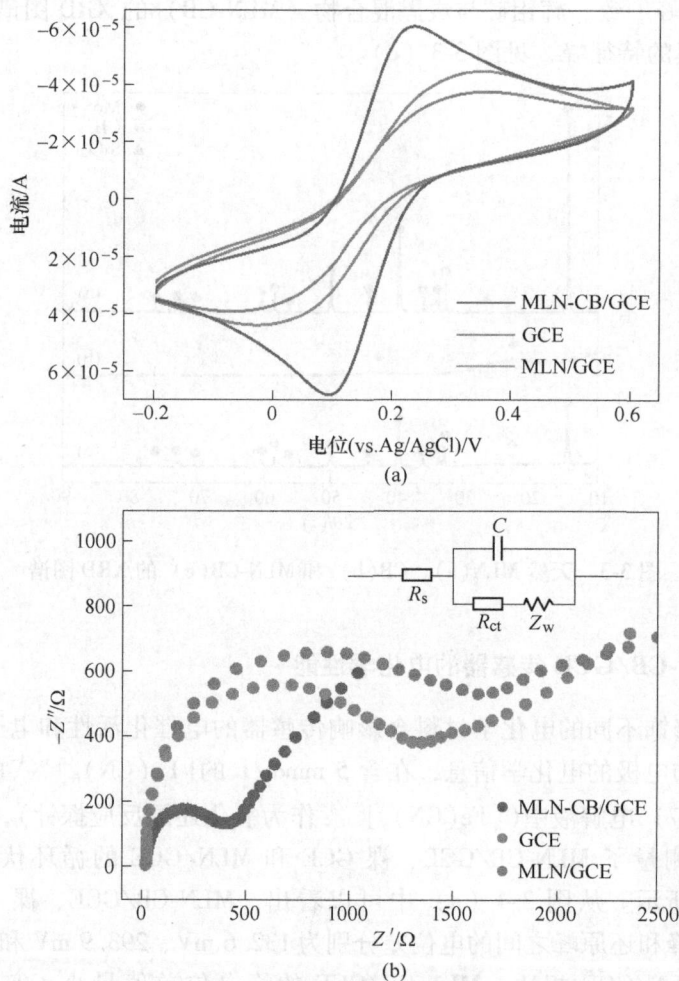

(a)

(b)

图 3-4　MLN-CB/GCE、裸 GCE 和 MLN/GCE 的循环伏安曲线（a）和 EIS 图谱（b）

3.1.4　不同修饰电极对尿酸、多巴胺和抗坏血酸的电催化氧化

为了评价不同修饰电极对 UA、DA 和 AA 三元混合物的电催化氧化性能，对比了四种改性电极对 UA、DA 和 AA 三元混合物的循环伏安曲线，如图 3-5 所示。从图 3-5 可以看出，MLN/GCE 只能检测到 DA 和 UA 两个小峰，而无法检测到 AA；但相比于裸 GCE，MLN/GCE 的电流响应明显更优；CB/GCE 可以检测到 UA、DA 和 AA 三种物质，但是只有三个小峰，而且 UA 和 DA 的峰值电流接近；相比于其他三种电极，MLN-CB/GCE 在 -40 mV、240 mV 和 370 mV 处表现出明

显分离的氧化峰，分别对应 AA、DA 和 UA 的氧化。对辉钼矿进行 XRD 分析，辉钼矿的主要杂质成分为 SiO_2，SiO_2 没有导电性。将 SiO_2 单独作为传感器基底材料检测 UA、DA 和 AA 的电流响应与玻碳电极直接作为传感器基底材料检测这三种物质的电流响应无异，说明杂质 SiO_2 并不能检测 UA、DA 和 AA 三种物质。根据以上分析，推测 MLN 与 CB 之间的协同作用对于得到更好的 UA、DA 和 AA 三元混合物的同时测定结果具有重要意义。

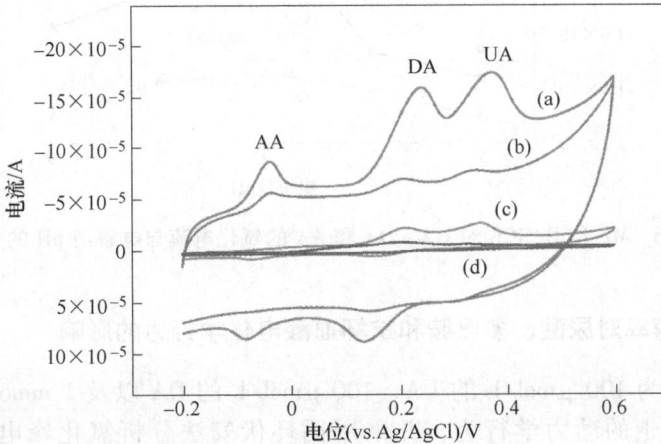

图 3-5 MLN-CB/GCE(a)、CB/GCE(b)、MLN/GCE(c) 和裸 GCE(d) 对 500 μmol/L 的
UA、500 μmol/L 的 DA 和 1 mmol/L 的 AA 三元混合物的循环伏安曲线

3.1.5 电解液 pH 对尿酸、多巴胺和抗坏血酸电化学行为的影响

配制一系列不同 pH(5.0~9.0) 的电解质溶液，采用循环伏安法研究电解液 pH 对 500 μmol/L 的 UA、500 μmol/L 的 DA 和 1 mmol/L 的 AA 三元混合物电化学行为的影响。图 3-6 显示了 MLN-CB/GCE 在不同电解液 pH 下对 UA、DA 和 AA 的氧化峰电流响应，可以看出，随着 pH 逐渐增大，三种物质的氧化峰电流均展现出先升后降的趋势。具体而言，UA 和 AA 在 pH=7 的条件下达到其氧化峰电流响应的最大值，而 DA 则在 pH=8 时达到其最大氧化峰电流响应。其中一种可能的解释是在 pH=7.0 时，抗坏血酸（pK_a = 4.10）和尿酸（pK_a = 5.6）呈阴离子性质，而多巴胺（pK_a=8.87）呈阳离子性质。当溶液 pH>7 时，辉钼矿呈微碱性，同时炭黑表面电位随着环境 pH 的增加而降低，炭黑表面含有的酸性基团，在缓冲溶液 pH 上升时会促进解离，进而增加炭黑表面的负电荷基团数量。这些负电荷基团会倾向于吸引带有正电荷的 DA 分子，同时排斥带有负电荷的 UA 和 AA。然而，当 pH 达到 9.0 时，UA、DA 和 AA 均转变为带负电荷的状态，三者间相互排斥，导致电流响应减弱。鉴于人体生理环境的实际情况，本书相关实验最终选定在 pH=7.0 的磷酸盐缓冲溶液条件下进行。

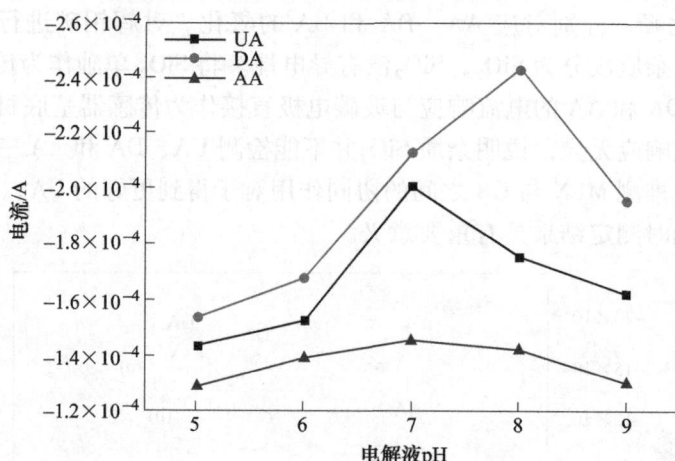

图 3-6　MLN-CB/GCE 对 UA、DA 和 AA 的氧化电流与电解液 pH 的关系

3.1.6　扫描速率对尿酸、多巴胺和抗坏血酸电化学行为的影响

探究浓度为 100 μmol/L 的 UA、100 μmol/L 的 DA 以及 1 mmol/L 的 AA 在 MLN-CB/GCE 上的动力学行为，并采用循环伏安法分析氧化峰电流与扫描速率（扫描速率范围在 40～160 mV/s，具体为 40 mV/s、60 mV/s、80 mV/s、100 mV/s、120 mV/s、140 mV/s、160 mV/s）之间的关联性，如图 3-7 所示，UA、DA 和 AA 的阳极峰电流随着扫描速率的增加而增大，三种物质的氧化峰电流均向更正电位方向移动。而据图 3-8，UA、DA 和 AA 的氧化峰电流均与扫描速率显示出良好的线性关系，UA 的 $I_{pa} = -0.5390 - 0.0156v$（$R^2 = 0.9995$），DA 的 $I_{pa} = -0.4405 - 0.0104v$（$R^2 = 0.9929$），AA 的 $I_{pa} = -0.1570 - 0.0058v$（$R^2 = 0.9987$）。实验结果表明，UA、DA 和 AA 在改性电极 MLN-CB/GCE 上的电化学反应均为吸附控制过程。UA、DA 和 AA 在 MLN-CB/GCE 上的电化学反应机理如图 3-9 所示。

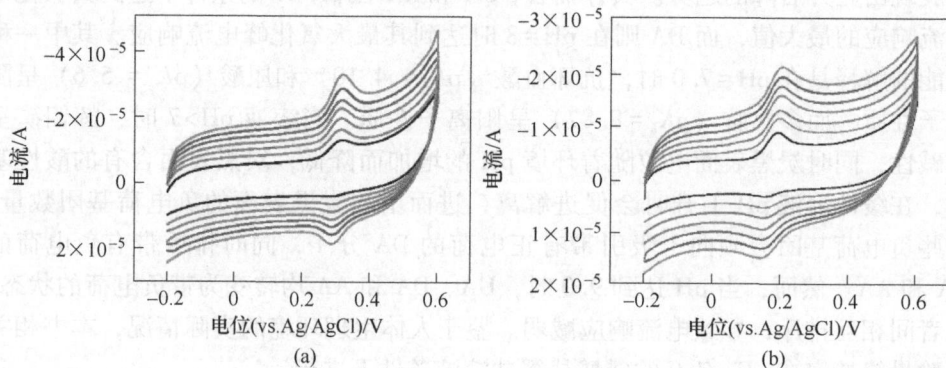

(a)

(b)

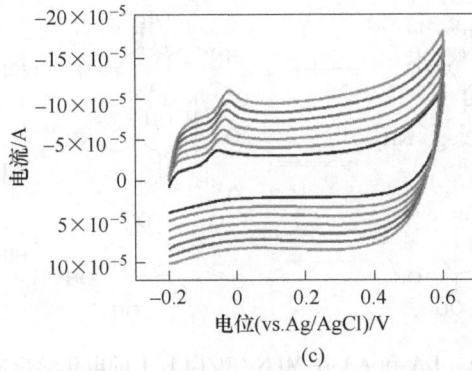

(c)

图 3-7 不同扫描速率下，UA(a)、DA(b) 和 AA(c) 在 MLN-CB/GCE 上的循环伏安曲线

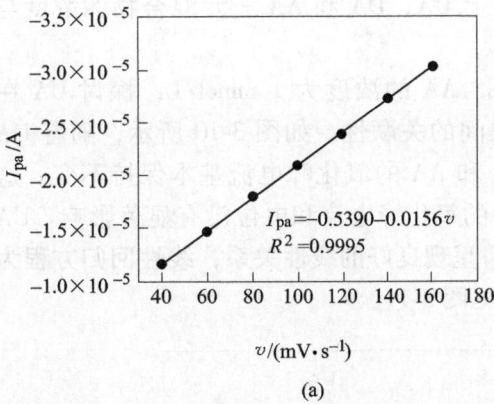

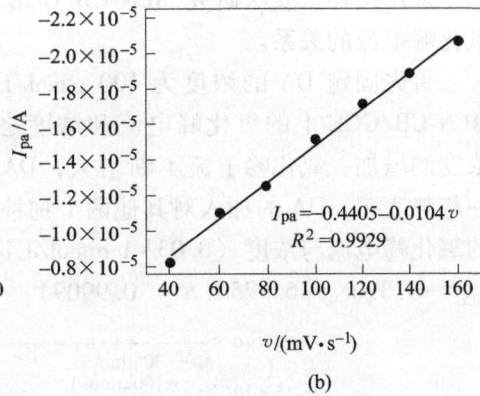

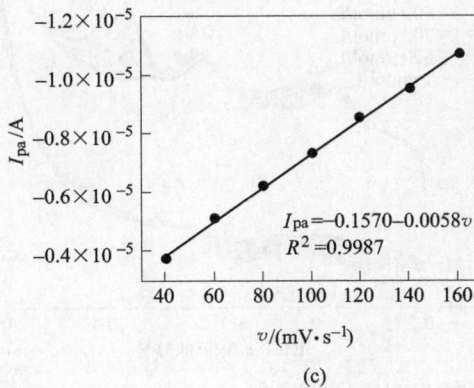

$I_{pa}=-0.5390-0.0156v$
$R^2=0.9995$

(a)

$I_{pa}=-0.4405-0.0104v$
$R^2=0.9929$

(b)

$I_{pa}=-0.1570-0.0058v$
$R^2=0.9987$

(c)

图 3-8 UA(a)、DA(b) 和 AA(c) 的氧化峰电流与扫描速率的关系

$+2H^+ +2e^-$

$+2H^+ +2e^-$

$+2H^+ +2e^-$

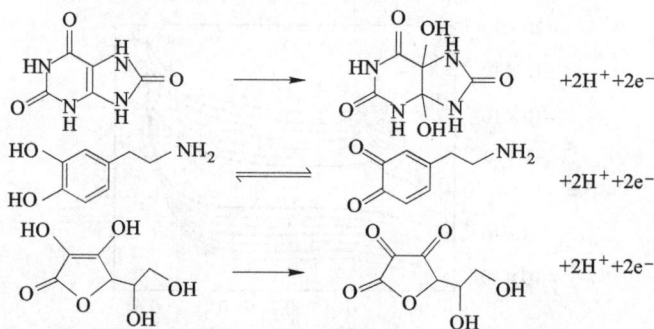

图 3-9   UA、DA 和 AA 在 MLN-CB/GCE 上的电化学反应机理

3.1.7　循环伏安法对尿酸、多巴胺和抗坏血酸的同时测定

采用循环伏安法研究 MLN-CB/GCE 上 UA、DA 和 AA 三元混合物的浓度与氧化峰电流的关系。

首先固定 DA 的浓度为 100 μmol/L、AA 的浓度为 1 mmol/L，探讨 UA 在 MLN-CB/GCE 上的氧化峰电流和浓度之间的关联性。如图 3-10 所示，随着 UA 浓度的增加，氧化峰电流不断增大，DA 和 AA 的氧化峰电流基本保持不变。这一趋势表明，UA 的加入对其他两个物种的氧化峰电流和电位没有显著影响。UA 的氧化峰电流与浓度（0.03~1 mmol/L）呈现良好的线性关系，线性回归方程为 $I_{UA} = -9.390c_{UA} - 6.175$（$R^2 = 0.9909$），见图 3-11。

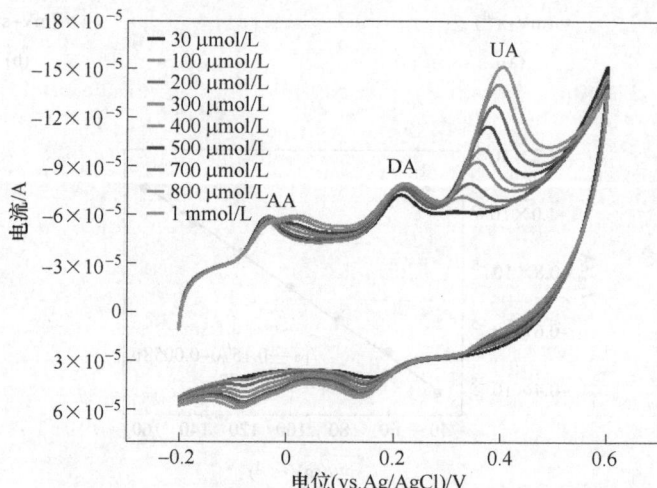

图 3-10 彩图

图 3-10   不同浓度的 UA 在 MLN-CB/GCE 上的循环伏安曲线

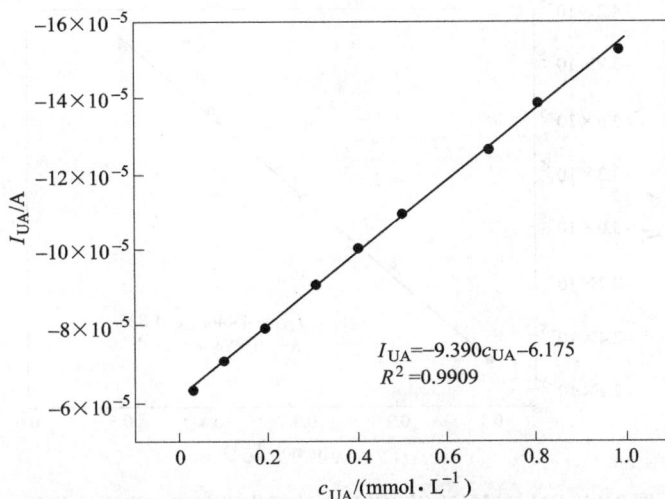

图 3-11　UA 在 MLN-CB/GCE 上的氧化峰电流与浓度的关系

接下来探讨 DA 在 MLN-CB/GCE 上的氧化峰电流和浓度之间的关联性，如图 3-12 和图 3-13 所示。固定 UA 的浓度为 100 μmol/L、AA 的浓度为 500 μmol/L，随着 DA 浓度的不断增加，DA 的氧化峰电流不断增大，UA 和 AA 的氧化峰电流基本保持不变。这一趋势表明 DA 的加入对其他两个物种的氧化峰电流和电位没有显著影响。DA 的氧化峰电流与 100~600 μmol/L 范围内浓度呈良好的线性关系，线性回归方程为 $I_{DA} = -4.440c_{DA} - 1.826(R^2 = 0.9708)$。

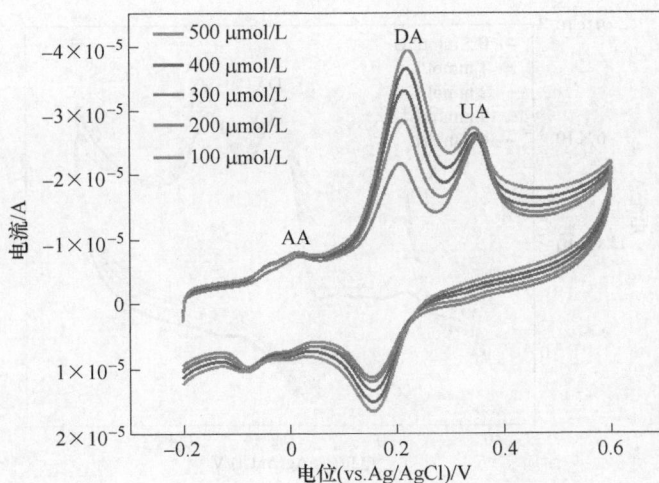

图 3-12　不同浓度的 DA 在 MLN-CB/GCE 上的循环伏安曲线

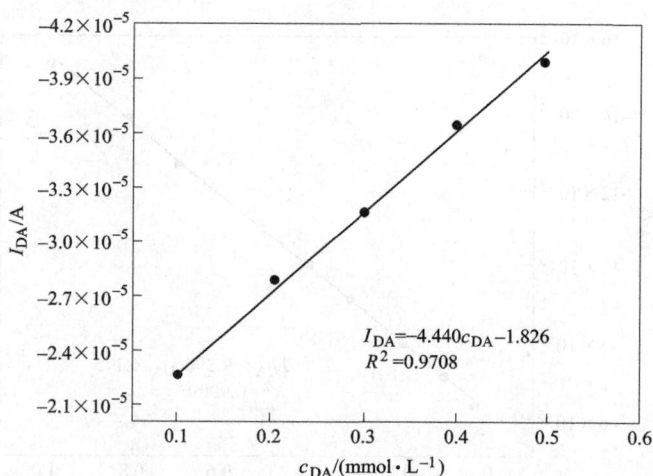

图 3-13　DA 在 MLN-CB/GCE 上的氧化峰电流与浓度的关系

在保持 UA 和 DA 浓度均为 100 μmol/L 的条件下，研究 AA 在 MLN-CB/GCE 上的氧化峰电流与其浓度之间的关联性，如图 3-14 和图 3-15 所示，图中显示 AA 在 −50 mV 电位下的氧化峰电流随着 AA 浓度的增大而呈线性增长，UA 和 DA 的氧化峰电流则基本维持稳定。AA 的氧化峰电流与其浓度（0.5~4 mmol/L）有良好的线性关系，线性回归方程为 $I_{AA} = -1.146c_{AA} - 1.264 (R^2 = 0.9935)$。从实验结果可以看出，MLN-CB/GCE 检测 AA 的灵敏度远低于 DA 和 UA，有文献报道其他基于碳纳米材料的电极也出现了这一趋势。实验结果还表明，MLN-CB/GCE 可以同时测定三元混合物中 UA、DA 和 AA 的量，而没有明显的交叉干扰。

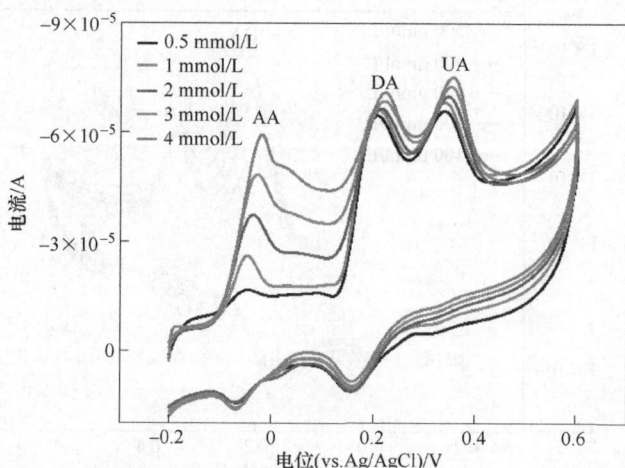

图 3-14 彩图

图 3-14　不同浓度的 AA 在 MLN-CB/GCE 上的循环伏安曲线

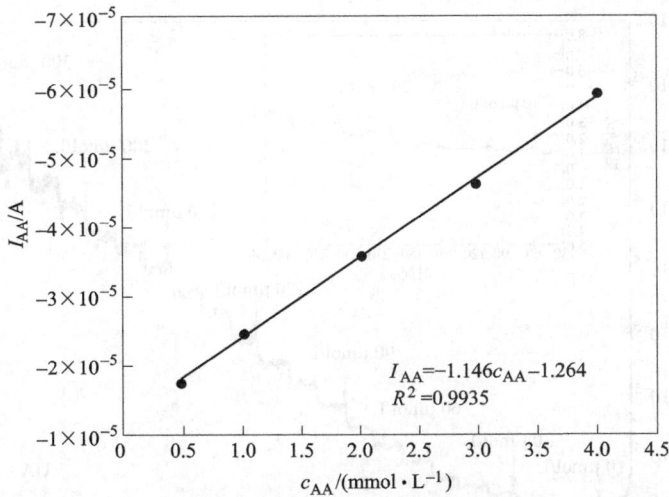

图 3-15　AA 在 MLN-CB/GCE 上的氧化峰电流与浓度的关系

3.1.8　MLN-CB/GCE 传感器对尿酸、多巴胺和抗坏血酸的校准曲线分析

利用电流-时间曲线法进一步评估了 MLN-CB/GCE 作为安培型传感器检测 UA、DA、AA 的性能。

图 3-16（a）显示了在施加电位为 350 mV 时，在磷酸盐缓冲溶液（pH = 7.0）中每隔 50 s 添加不同浓度的 UA 时所测得的电流-时间曲线。在电解液中连续滴加 UA 后，响应电流会随着 UA 浓度的增加呈现阶梯性增长的态势，这是一种稳态电流的变化特征，氧化峰电流基本在 4 s 内达到稳定，说明 UA 在 MLN-CB 层中的扩散速度比较快，具有良好的电子转移效率。图 3-16（b）为 UA 的校准曲线，在 10 ~ 300 μmol/L 范围内，UA 的线性回归方程为 $I_{UA} = -1.5860c_{UA} - 0.0207$，$R^2 = 0.9929$，UA 的检出限为 9 μmol/L，信噪比为 3（$N/A = 3$）。

图 3-17（a）显示了在施加电位为 200 mV 时，在 PBS（pH = 7.0）中连续添加不同浓度的 DA 时所测得的电流-时间曲线。与 UA 类似，DA 也是在 4 s 内达到稳定电流。该生物传感器对 DA 浓度的线性检测范围为 10 ~ 300 μmol/L，线性回归方程为 $I_{DA} = -0.7980c_{DA} - 0.0421$，$R^2 = 0.9577$（$n = 3$）[见图 3-17（b）]，检出限为 8.7 μmol/L。

图 3-18（a）显示了在施加电位为 -50 mV 时，连续添加不同浓度的 AA 时所得到的电流-时间曲线。该生物传感器显示了对 AA 浓度较宽的线性检测范围（0.01 ~ 4 mmol/L），线性回归方程为 $I_{AA} = -0.3920c_{AA} - 0.2880$，$R^2 = 0.9228$（$n = 3$）[见图 3-18（b）]，检出限为 5 μmol/L。

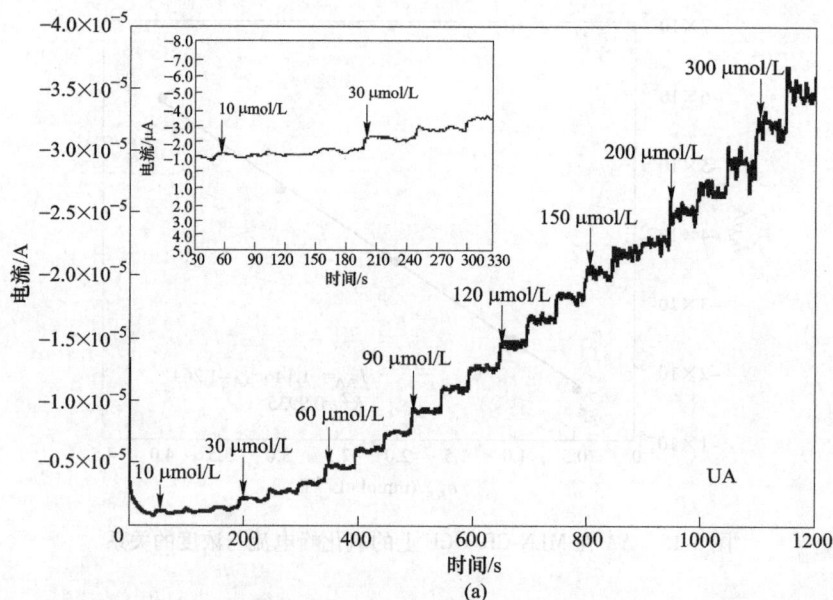

(a)

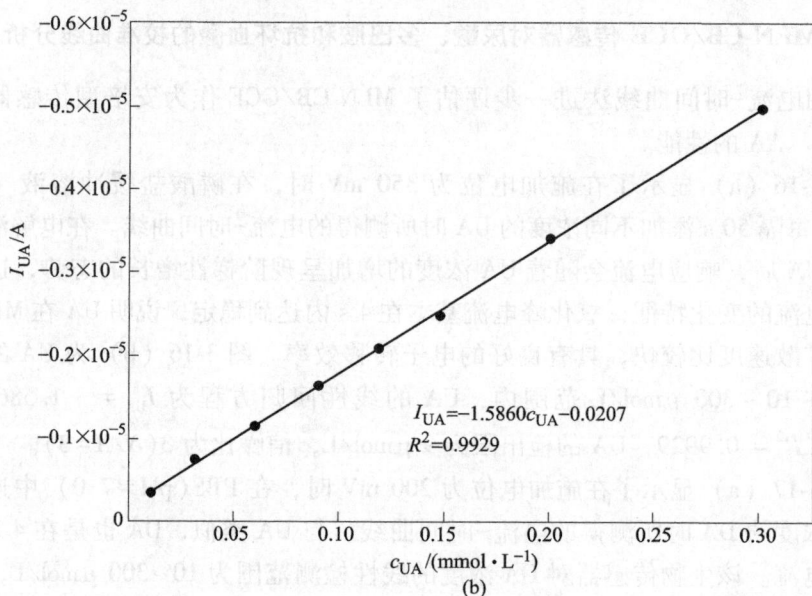

(b)

图 3-16　MLN-CB/GCE 对于不同浓度 UA 的电流-时间曲线（a）及校准曲线（b）

3.1.9　MLN-CB/GCE 传感器的选择性、稳定性和重复性

　　选择性是评价传感器性能的一个重要因素。UA、DA 和 AA 溶液对不同物质的抗干扰能力如图 3-19 所示。分别在含 300 μmol/L 的 UA、DA 和 AA 的

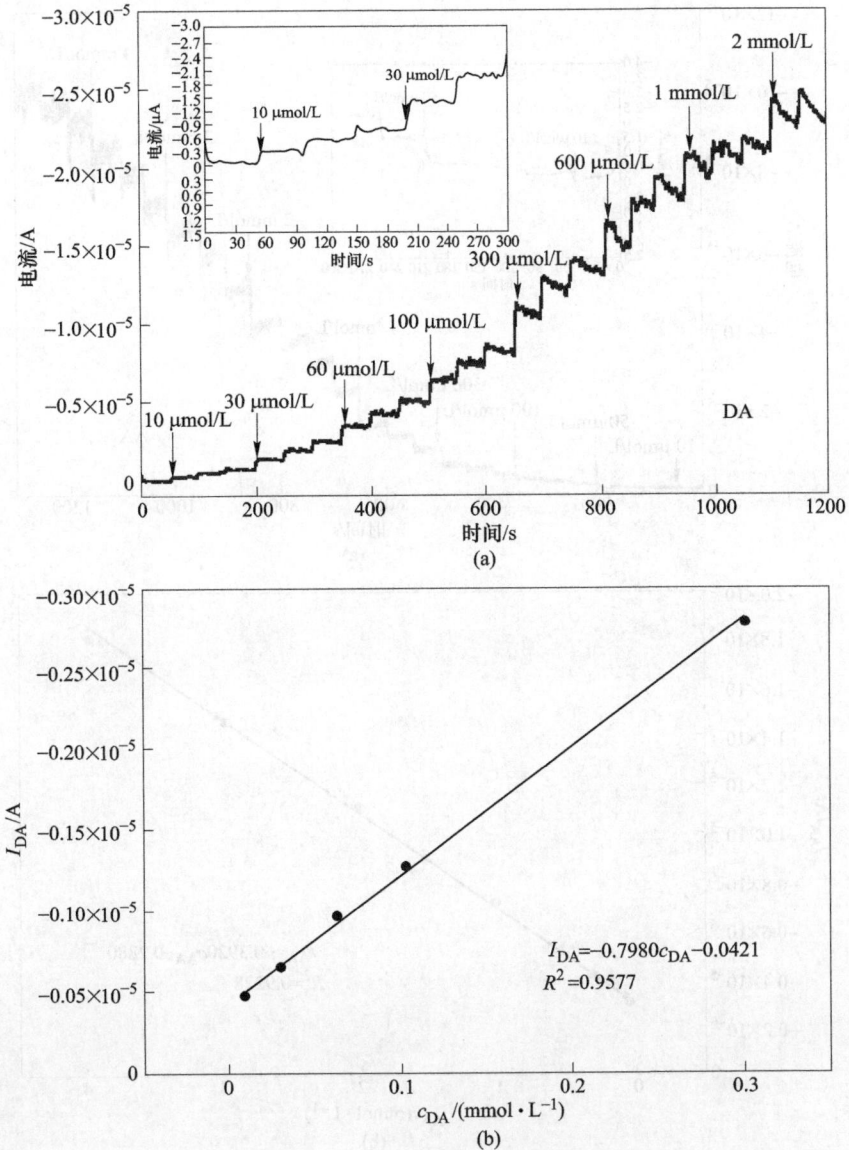

图 3-17 MLN-CB/GCE 对于不同浓度 DA 的电流-时间曲线（a）及校准曲线（b）

0.1 mol/L 的 PBS（pH=7.0）中加入潜在干扰物质来评估 MLN-CB/GCE 传感器的选择性。向三种溶液中分别加入 10 倍浓度（3 mmol/L）的 NaCl、KCl、葡萄糖、果糖、柠檬酸、尿素、Na_2SO_4 和 $FeCl_3$。从实验结果可以看出，对 UA 和 DA 干扰最大的物质是 $FeCl_3$ 和 KCl，干扰信号分别为 14.7 % 和 11.7 %，其他物质对于 UA 和 DA 的检测没有明显干扰。对于 AA，所选干扰物均无明显干扰。以上说

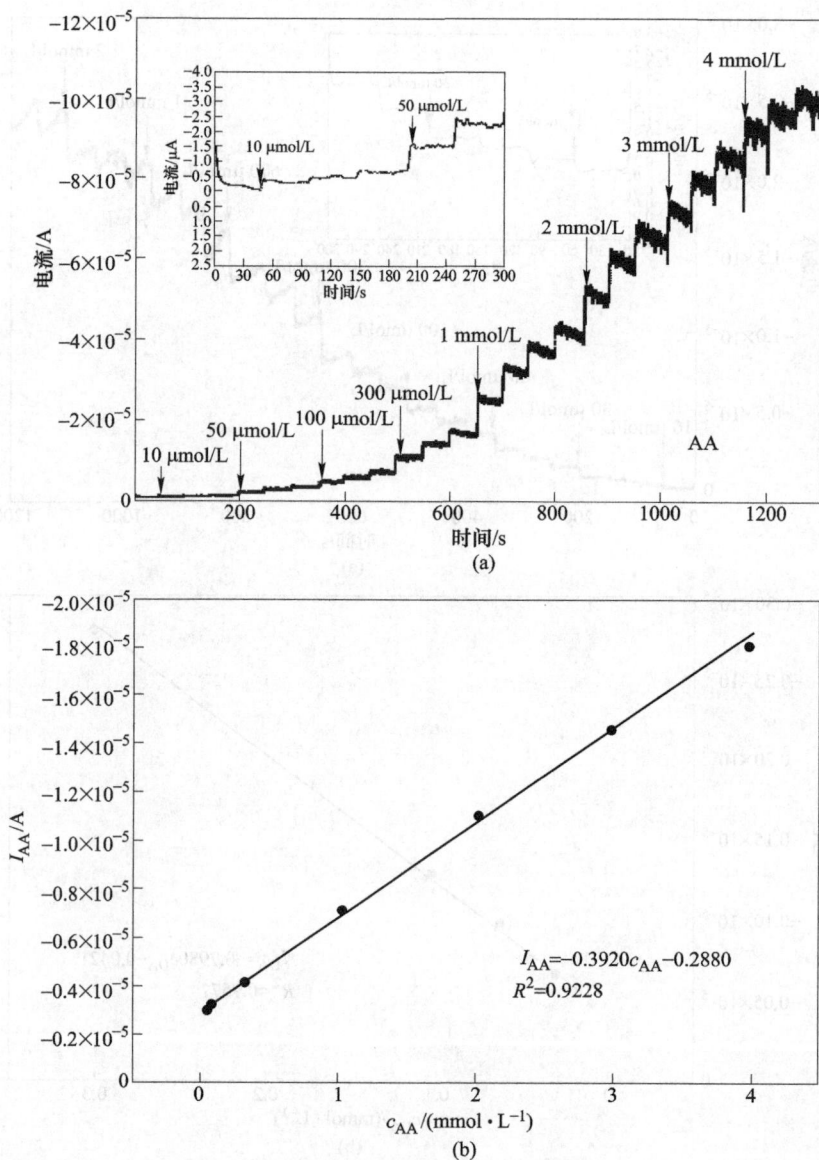

图 3-18　MLN-CB/GCE 对于不同浓度 AA 的电流-时间曲线（a）及校准曲线（b）

明修饰电极对 UA、DA、AA 抗干扰能力强，同时具有比较高的选择性。

　　接下来研究了 MLN-CB/GCE 传感器的稳定性。图 3-20（a）~（c）分别为 MLN-CB/GCE 传感器在最优条件下连续添加 0.01 mmol/L 的 UA、0.01 mmol/L 的 DA 和 0.1 mmol/L 的 AA 时的氧化峰电流-时间曲线，插图为三种物质的浓度与电流响应的线性关系，每种物质连续添加 12 次之后的相对标准偏差（RSD）分别为 5.22%、

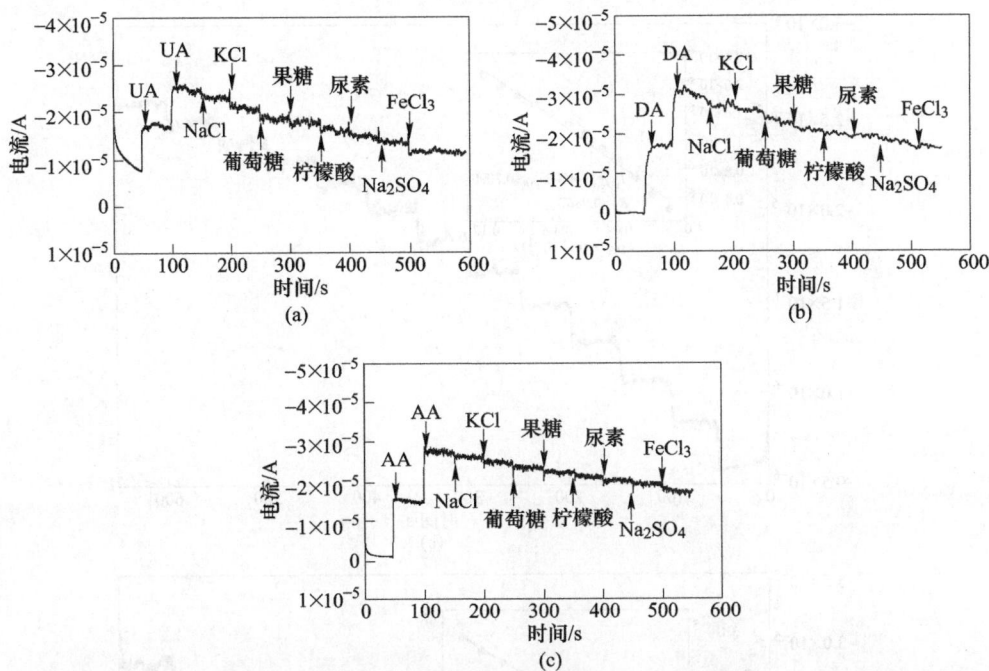

图 3-19　MLN-CB/GCE 传感器的抗干扰实验结果
（a）UA；（b）DA；（c）AA

5.13% 和 4.67%。结果表明 MLN-CB/GCE 传感器具有良好的操作稳定性，MLN 和 CB 通过静电吸附紧密结合在一起，并很好地吸附在玻碳电极表面。

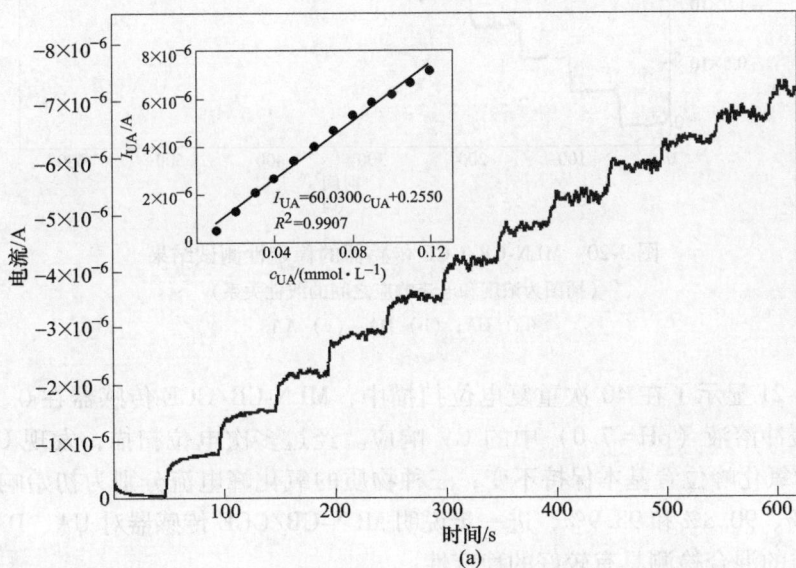

$I_{UA} = 60.0300c_{UA} + 0.2550$
$R^2 = 0.9907$

(b)

(c)

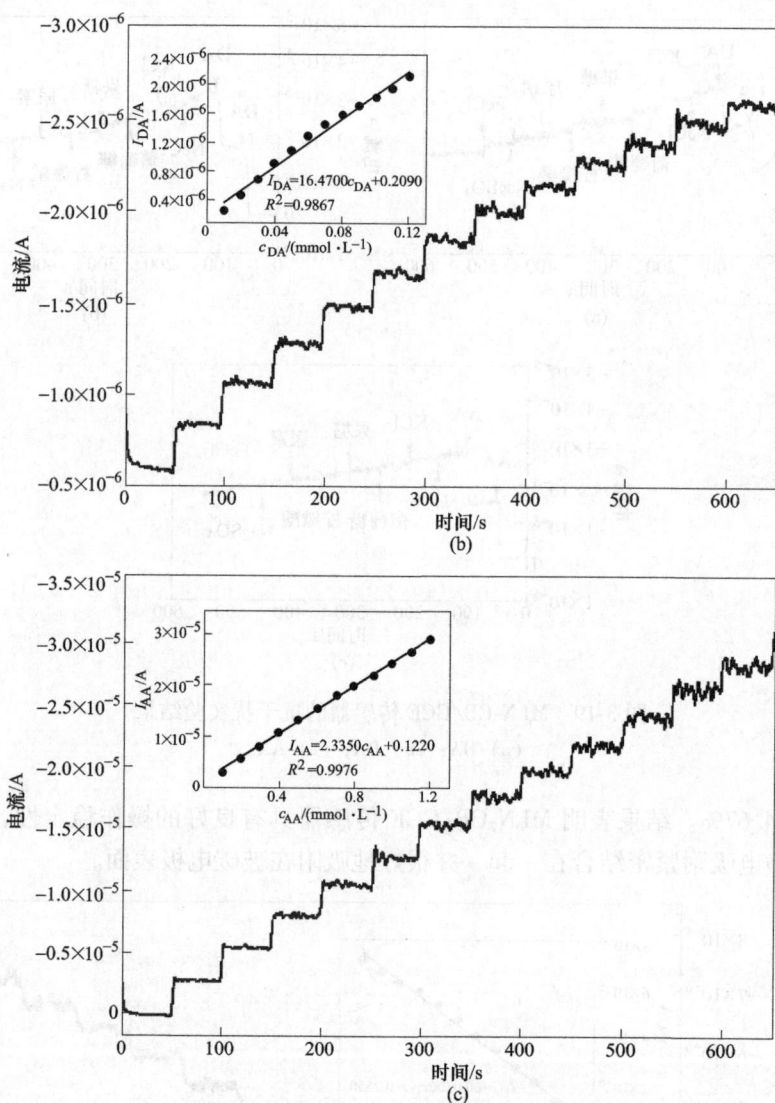

图 3-20 MLN-CB/GCE 传感器的稳定性测试结果

（插图为浓度和电流响应之间的线性关系）

（a）UA；（b）DA；（c）AA

图 3-21 显示了在 40 次重复电位扫描中，MLN-CB/GCE 传感器在 0.1 mol/L 磷酸盐缓冲溶液（pH=7.0）中的 CV 响应。经过多次电位扫描，发现 UA、DA 和 AA 的氧化峰位置基本保持不变，三种物质的氧化峰电流分别为初始响应电流的 87.4%、90.8%和 93.9%，进一步说明 MLN-CB/GCE 传感器对 UA、DA 和 AA 三种物质的混合检测具有较好的稳定性。

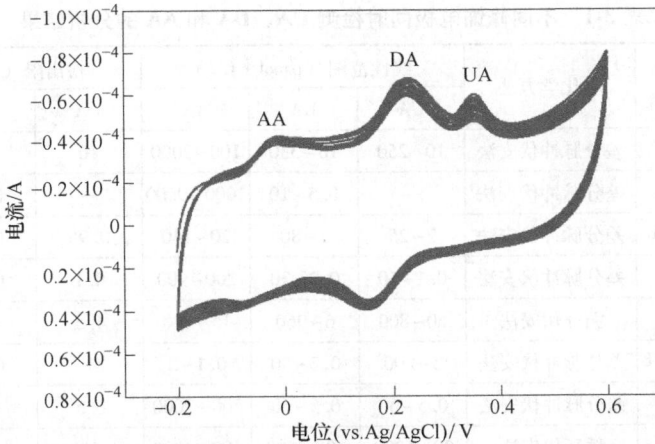

图 3-21 MLN-CB/GCE 传感器在 40 次重复电位扫描中的循环伏安曲线

　　此外，在相同条件下制备了 3 个修饰电极，考察 3 个修饰电极对 200 μmol/L 的 UA、200 μmol/L 的 DA 和 1000 μmol/L 的 AA 的电流响应，实验结果如图 3-22 所示。3 个修饰电极所对应的 3 种物质氧化峰的相对标准偏差（RSD）分别为 1.44%、1.59%和 3.1%，说明修饰电极在检测 UA、DA 和 AA 时具有良好的重复性，表 3-1 总结了不同修饰电极同时检测 UA、DA 和 AA 的分析结果。MLN-CB/GCE 传感器具有较宽的线性检测范围，特别是考虑到直接使用原始矿物。所选传感器对 AA 的检出限也具有可比性。这些结果表明 MLN-CB/GCE 传感器具有良好的灵敏度和选择性。

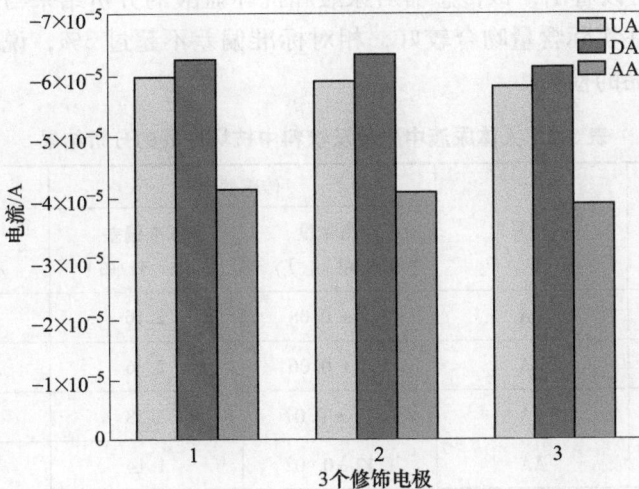

图 3-22 MLN-CB/GCE 传感器的重复性实验结果

表 3-1 不同修饰电极同时检测 UA、DA 和 AA 的分析结果

修饰电极	电化学方法	线性范围/($\mu mol \cdot L^{-1}$)			检出限/($\mu mol \cdot L^{-1}$)		
		UA	DA	AA	UA	DA	AA
MWCNT/PEDOT	差分脉冲伏安法	10~250	10~330	100~2000	10	10	100
Fe_3O_4/rGO/GCE	差分脉冲伏安法	—	0.5~10	1000~9000	—	0.42	0.12
MoS_2/PEDOT/GCE	差分脉冲伏安法	2~25	1~80	20~140	0.95	0.52	5.83
Pt-Gr-CNT/GCE	差分脉冲伏安法	0.1~50	0.2~30	200~900	0.1	0.01	50
ZnO/RM/GCE	循环伏安法	50~800	6~960	15~240	4.5	0.7	1.4
SnO_2/MWCNTs/CPE	差分脉冲伏安法	3~200	0.3~50	0.1~5	1	0.03	50
ERGO/GCE	差分脉冲伏安法	0.5~60	0.5~60	300~2000	0.5	0.5	300
MLN-CB/GCE	循环伏安法	30~1000	100~600	500~4000	15	50	250
	计时电流法	10~300	10~600	10~4000	9	8.7	5

为评价所制备的传感器的实用性，将 MLN-CB/GCE 应用于人体尿液中尿酸和饮料中抗坏血酸的测定。未保存的人类尿液样品在采集后 5 h 内进行分析。尿液样品采集于健康志愿者（本校 21~24 岁学生）。所有尿样均于饭后 2 h 内采集。维生素 C（AA）饮料从超市购买，包装上标注了 AA 含量。饮料 1 和饮料 2 中的 AA 含量分别为 0.43 mmol/L 和 1.13 mmol/L。两种真实样品均采用 0.45（m）膜过滤器过滤。使用市售尿酸比色检测试剂盒手动测量尿样中的尿酸（稀释 10 倍）。尿酸可用分光光度法在 550 nm 处测定。将尿酸分析结果与市售尿酸比色检测试剂盒进行比较，并将抗坏血酸分析结果与饮料包装上维生素 C 含量进行比较。从表 3-2 可以看出，该传感器对尿酸和抗坏血酸的分析结果与标准分光光度法和外包装标注实际含量吻合较好，相对标准偏差不超过 3%，说明该修饰电极可用于实际样品的检测。

表 3-2 人体尿液中尿酸及饮料中抗坏血酸的分析结果

样品	种类	传感器[①]		分光光度法[②]
		检测含量 /($mmol \cdot L^{-1}$)	标准偏差 ($n=3$)/%	检测含量 /($mmol \cdot L^{-1}$)
尿样 1	UA	3.3 ± 0.08	2.16	3.5
尿样 2	UA	2.4 ± 0.06	2.36	2.1
饮料 1	AA	0.42 ± 0.01	2.38	—
饮料 2	AA	1.12 ±0. 02	1.14	—

① 尿液和饮料样品分别用 0.1 mol/L 磷酸盐缓冲溶液（pH=7.0）稀释 100 倍和 1000 倍。

② 用尿酸比色检测试剂盒提供的磷酸盐缓冲溶液（pH=7.0）将样品稀释 10 倍。

3.2　TYR/GA/辉钼矿修饰的酶生物传感器的制备及对邻苯二酚的检测

邻苯二酚（CC）是一种有机化合物，在染料、农药及化妆品等多个领域有着广泛的应用。然而，值得注意的是，它也被归类为 2B 类致癌物质，其对环境和人类健康构成了相当严峻的潜在危害。传统检测邻苯二酚的方法如高效液相色谱、荧光光谱法、pH 流动注射分析法、同步荧光法等一般具有样品前处理繁琐、灵敏度低、检测成本高和耗费时间长等缺点。电化学分析方法由于灵敏度高等优势在检测酚类化合物方面应用广泛。

酪氨酸酶（TYR，又称多酚氧化酶）是一种双核含铜金属蛋白，具有两种不同的催化活性。它是众所周知的酚氧化酶，广泛分布于微生物、动植物中。酶催化产生的醌可以在相对适中的电位（约 0 V vs. 碳电极上的 Ag/AgCl）下电化学还原为邻苯二酚。信号被邻苯二酚的回收放大，因此基于酪氨酸酶的安培型生物传感器具有高选择性和灵敏度，具有小型化和自动化的潜力。

构建方法在生物装置中对保持酶原有的生物活性起着重要作用。此外，在酶固定化过程中，电极材料的选择是影响生物传感器性能的关键因素。需要优选能防止酶和蛋白质构象变化的电极材料。近年来，纳米材料、金属配合物、碳纳米管、石墨烯、MoS_2 和导电聚合物等多种材料被应用于酶生物传感器的制备，并具有相当好的性能。其中，MoS_2 是一种过渡金属硫化物，具有类石墨烯的层状结构。由于其特殊的结构和优异的性能，在电化学传感器中有着非常重要的应用。

本节中笔者研制了一种经济的天然硫化物矿物邻苯二酚电化学酶生物传感器。以辉钼矿作为传感器的基底材料，采用戊二醛（GA）作为偶联试剂。戊二醛是一种广泛应用于生物传感器的偶联试剂，它可以帮助酶强烈吸附在电极表面，在测量过程中不容易从表面分离。将辉钼矿、戊二醛和酪氨酸酶修饰在玻碳电极表面以构置 TYR/GA/MLN/GCE 生物传感器，用于邻苯二酚的电化学检测。

3.2.1　TYR/GA/MLN/GCE 生物传感器的制备

（1）TYR/GA/MLN/GCE 电极材料的制备。首先称量 15 mg 的辉钼矿，加入 1 mL 的 pH＝8.0 的磷酸盐缓冲溶液中，放入超声波振荡器中 15 min。将配制好的悬浊液放入冰箱待用。然后配制质量分数为 10% 的戊二醛溶液，配制好的戊二醛溶液放置在冰箱冷藏保存。接下来配制 1 mg/mL 的酪氨酸酶溶液，配好后放置在冰箱冷藏保存。注意每次使用完酪氨酸酶之后都要及时将其放入冰箱保存，防止酶的活性降低。

（2）邻苯二酚溶液的配制。在电子天平上称量 0.11 g 的邻苯二酚，加入

10 mL 的 pH＝8.0 的磷酸盐缓冲溶液中，振荡使其充分溶解。

其他溶液的配制方法与邻苯二酚溶液的配制方法相同。

（3）TYR/GA/MLN/GCE 生物传感器的制备。先将 10 μL 的 MLN 溶液滴于预处理干净的 GCE 表面，自然晾干后，将 10 μL 的 GA 溶液浇在 MLN 修饰的 GCE 上，继续自然晾干，最后在修饰电极表面加入 10 μL 的 TYR，所得生物传感器记为 TYR/GA/MLN/GCE。图 3-23 显示了 TYR/GA/MLN/GCE 生物传感器的制备过程。

图 3-23　TYR/GA/MLN/GCE 生物传感器的制备

TYR/GA/MLN/GCE 生物传感器对邻苯二酚的检测机理如图 3-24 所示。在酪氨酸酶的催化下，邻苯二酚与氧气发生氧化反应，失去电子之后生成邻苯二醌；还原反应过程中，邻苯二醌得到两个电子。在循环伏安曲线中随着邻苯二酚浓度的不断增大，还原峰电流不断增加。可通过测量邻苯二醌的还原峰电流进而检测邻苯二酚的浓度。

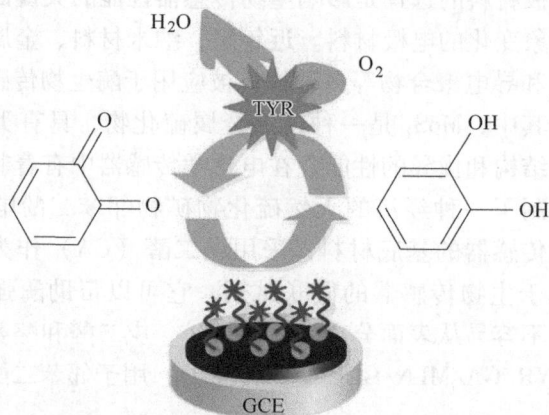

图 3-24　TYR/GA/MLN/GCE 生物传感器对邻苯二酚的检测机理

3.2.2　辉钼矿的表征

MoS_2 是重要的过渡金属硫化物之一，拥有类似石墨烯的层状结构，并展现出较大的比表面积以及稳定的电化学性能。因其独特的性质，MoS_2 在润滑剂、电极制备、储氢技术、催化反应等多个领域均得到了广泛的应用。辉钼矿的主要成分是 MoS_2，虽然辉钼矿各方面的性能要弱于 MoS_2，但在电化学方面也表现出了良好的性能。作为一种天然的矿石材料，辉钼矿的应用前景广阔。采用原子力显微镜对辉钼矿的形貌进行表征，如图 3-25 所示，可以看出辉钼矿呈鳞片状层层堆叠，每一片辉钼矿都有较大的比表面积，可以提供良好的电子转移通道。

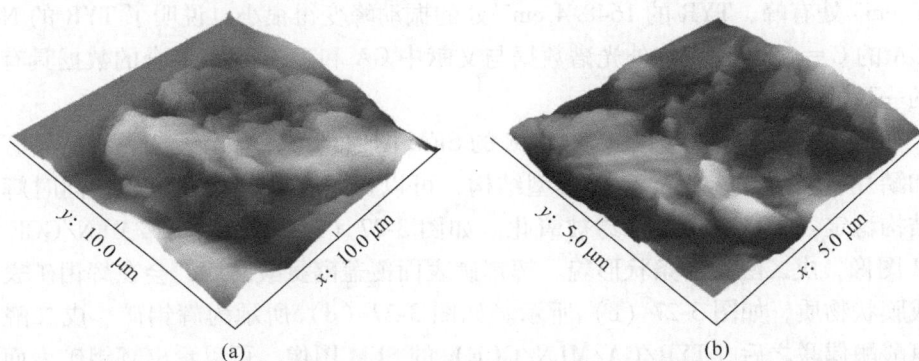

图 3-25 辉钼矿的原子力显微镜 3D 形貌

3.2.3 TYR/GA/MLN/GCE 生物传感器的表征

生物分子功能化支撑是生物传感器技术中底物识别的基础。在电化学传感器的发展中，材料的选择及其制备方法尤为重要。红外光谱可以对分子结构和官能团进行表征。为了了解所制备的生物传感器的结构信息，采用红外光谱对 MLN、GA/MLN、TYR、TYR/GA/MLN 生物传感器进行了表征，如图 3-26 所示。2947.9 cm^{-1} 和 1720.2 cm^{-1} 处的峰是由 GA 的 C—H 伸缩振动和 C $=$ O 伸缩振动

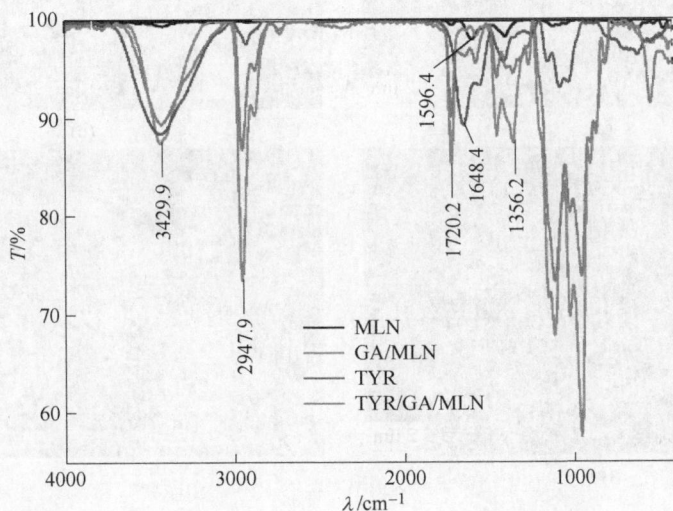

图 3-26 彩图

图 3-26 MLN、GA/MLN、TYR、TYR/GA/MLN 的红外光谱

引起的，1648.4 cm^{-1}处的峰是由 TYR 的 N—H 伸缩振动引起的。1596.4 cm^{-1}处的峰对应辉钼矿的 Mo = S 伸缩振动。在 MLN 上修饰 GA 之后，1596.4 cm^{-1}左右的峰几乎消失，说明 MLN 和 GA 偶联成功。在 GA/MLN 上修饰 TYR 之后，1720 cm^{-1}处有峰，TYR 的 1648.4 cm^{-1}处的振动峰变得很小，说明了 TYR 的 NH$_2$与 GA 的 C = O 成键，红外光谱数据与文献中 GA 和 TYR 发生偶合的数据具有很好的一致性。

如图 3-27（a）所示为 MLN/GCE 的 SEM 图像，可以看出天然辉钼矿具有层状和鳞片状结构，这是 MoS$_2$的典型结构，可以提供较大的比表面积，同时辉钼矿结构稳定，不易变形，不易被氧化。如图 3-27（b）所示为 GA/MLN/GCE 的 SEM 图像，戊二醛呈棒条状形貌。辉钼矿表面覆盖酪氨酸酶后，会在辉钼矿表面形成膜状物质，如图 3-27（c）所示。如图 3-27（d）所示为辉钼矿、戊二醛和酪氨酸酶偶联之后（TYR/GA/MLN/GCE）的 SEM 图像，可以看出辉钼矿表面吸附了许多棒条状的物质，而棒条状物质表面又吸附了一层薄膜状物质，三种物质紧密吸附在一起，说明戊二醛可以防止辉钼矿的脱落，增加辉钼矿的稳定性。辉钼矿、戊二醛、酪氨酸酶三者之间的相互偶联作用可以有效地提高电子的转移速率，大大提高修饰电极的电化学性能。

图 3-27　MLN/GCE(a)、GA/MLN/GCE(b)、TYR/MLN/GCE（c）
和 TYR/GA/MLN/GCE(d) 的 SEM 图像

3.2.4 TYR/GA/MLN/GCE 修饰电极的电化学性能

电化学阻抗谱（EIS）是评价改性电极界面特性的有效工具。图 3-28 显示了在扫描速率为 50 mV/s 条件下以 $[Fe(CN)_6]^{3-/4-}$ 为电化学氧化还原探针得到的不同修饰电极的 EIS 图谱。与裸 GCE 相比，MLN/GCE 表现出更大的 R_{ct}，可能是由于辉钼矿的半导体性。修饰 TYR 后，TYR/GA/MLN/GCE 的 R_{ct} 达到最大值，表明 TYR 在电极表面修饰成功。此外，GA/MLN/GCE 的 R_{ct} 小于 MLN/GCE，说明 GA 的加入可以提高辉钼矿的导电性，从而加快 $[Fe(CN)_6]^{3-/4-}$ 电子在电极表面的转移速率。

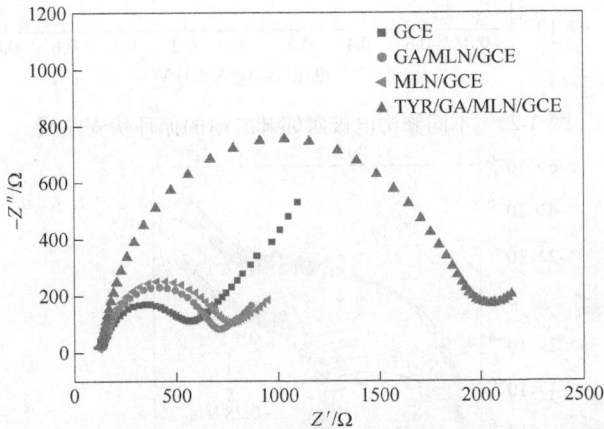

图 3-28　不同修饰电极的 EIS 图谱

3.2.5 邻苯二酚在 TYR/GA/MLN/GCE 修饰电极上的电化学行为

在含有 100 μmol/L 的邻苯二酚的缓冲溶液中，采用循环伏安法对四种不同修饰电极进行了测试，所得曲线如图 3-29 所示。从图 3-29 中可以看出，在 TYR 存在的条件下，CC 的还原峰电流随着 CC 氧化峰电流的减小明显增大，有不对称的图形出现；还可以明显看出 TYR/GA/MLN/GCE 的还原峰电流是最大的，TYR/MLN-GCE 显示出较小的还原峰电流。TYR-GCE 的循环伏安曲线形状几乎是对称的，GA/GCE 的循环伏安曲线并无明显响应信号。实验结果表明：MLN 和 GA 的协同作用使 GCE 表面吸附的 TYR 具有更大的生物电催化响应，能加速电极之间的电子转移。

3.2.6 扫描速率对检测邻苯二酚的影响

在 50 μmol/L 邻苯二酚存在的条件下，利用循环伏安法探讨了扫描速率（100~280 mV/s）与还原峰电流之间的关系，实验结果如图 3-30（a）所示。

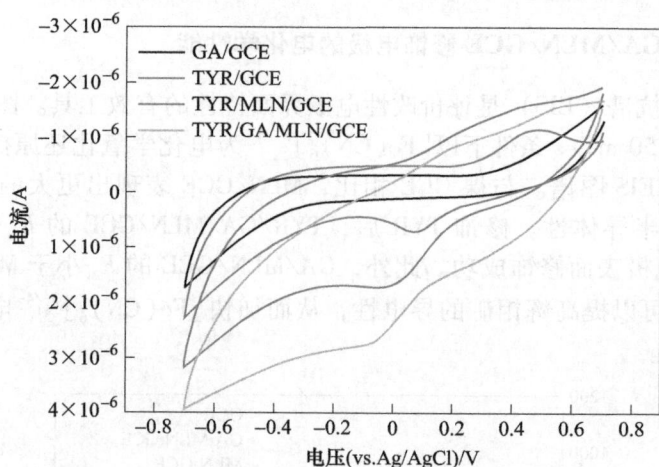

图 3-29 彩图

图 3-29 不同修饰电极对邻苯二酚的循环伏安曲线

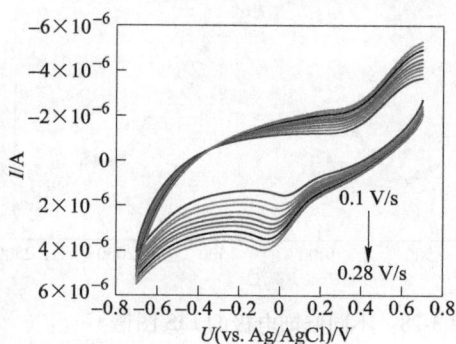

(a)

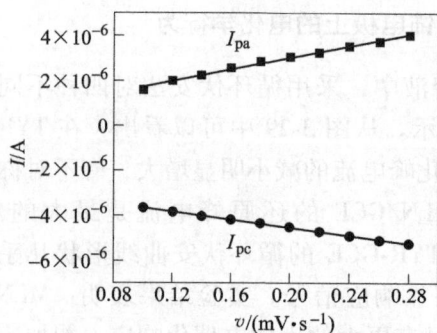

(b)

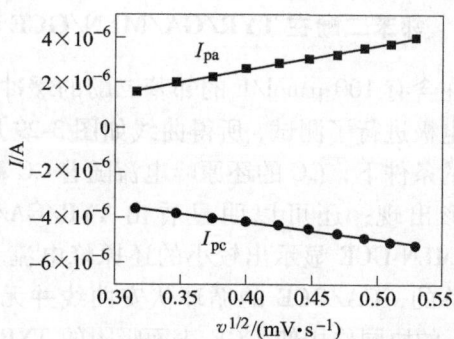

(c)

图 3-30 彩图

图 3-30 TYR/GA/MLN/GCE 在 50 μmol/L 邻苯二酚溶液中于不同扫描
速率下的循环伏安曲线（a）、峰电流与扫描速率的关系图（b）、
峰电流与扫描速率平方根的关系图（c）

随着扫描速率不断增加，CC 的还原峰电流不断增加，氧化峰电流也随着扫描速率的增加而不断增大。从图 3-30 （b） 可以看出 CC 的氧化峰和还原峰电流与扫描速率均呈现良好的线性关系。如图 3-30 （c） 所示为峰电流与扫描速率平方根的关系，可以看出峰电流与扫描速率平方根也表现出良好的线性关系。

3.2.7 不同电极制备条件对传感器性能的影响

不同的电极制备条件对传感器的性能影响较大。图 3-31 （a） 显示了利用计时电流法检测 20 μmol/L 邻苯二酚时 MLN 浓度的优化，从图中可以看出在 5 ~ 30 mg/mL 范围内，随着 MLN 浓度的不断增大，还原峰电流先增大后减小，在 MLN 浓度为 15 mg/mL 时，响应电流达到最大值，因此选择 15 mg/mL 作为后续实验的最佳 MLN 浓度。图 3-31 （b） 考察了 GA 浓度从 5% ~ 30 % 范围内对传感器性能的影响，当 GA 浓度为 10% 时，电流响应达到最大值，原因可能是过高的 GA 浓度容易加重酪氨酸酶的负担。图 3-31 （c） 为 TYR 浓度从 0.25 ~ 2.5 mg/mL 范围内对传感器性能的影响，随着 TYR 浓度的增加，电流响应值先增大后减小，在

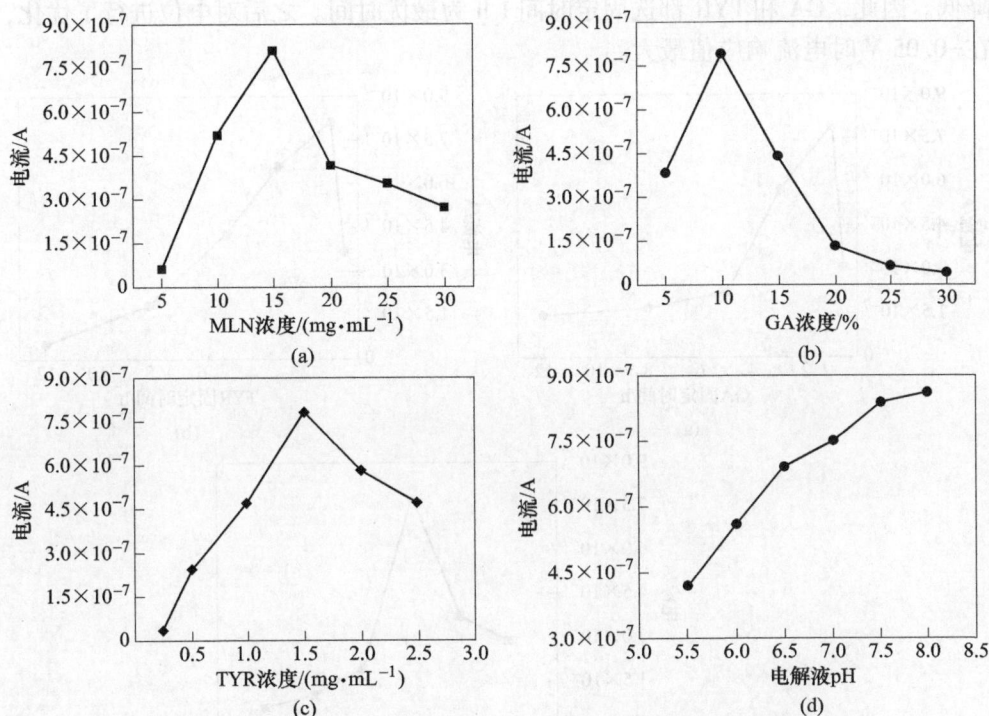

图 3-31 MLN 浓度 （a）、GA 浓度 （b）、TYR 浓度 （c）、电解液 pH （d）
对传感器性能的影响

TYR 浓度为 1.5 mg/mL 时，还原峰电流值最大。这是因为适当增加 TYR 浓度可以增加邻苯二酚氧化还原反应的催化活性位点，而过多的酪氨酸酶会使得蛋白质厚度增加，阻碍电子传递，电子转移速率会下降，从而导致响应电流下降。因此选择 1.5 mg/mL 为 TYR 的最优浓度。电解液 pH 对固定化酶也很重要，考察 5.5~8.0 范围内的电解液 pH，如图 3-31（d）所示，可以看出 TYR 在碱性条件下的电流响应优于酸性条件下的电流响应。当 pH=8 时，电流达到最大值，主要原因是酪氨酸酶最适宜的生存 pH 是 8.2，在碱性条件下容易发挥最大活性。因此选择 pH=8.0 为电解液最佳 pH。

在制备电化学传感器的过程中，除了电极修饰材料的浓度之外，不同修饰电极材料的固定时间以及施加不同的电位也会对传感器性能产生很大影响。尤其是使用生物酶进行修饰的传感器，生物酶的活性受电极固定时间的影响很大。图 3-32 为在最优条件下对 GA、TYR 固定时间以及电位的优化结果。从图 3-32（a）（b）可以看出，在 GA 和 TYR 固定时间都为 1 h 时电流响应值最大；之后随着固定时间的增加，响应电流逐渐变小。由于 GA 会与 MLN 和 TYR 发生偶联反应，偶联需要在一定的时间内进行，时间太短吸附并不稳定。而固定时间太长，酶活性容易降低。因此，GA 和 TYR 都选固定时间 1 h 为最优时间。之后对电位进行了优化，在 -0.05 V 时电流响应值最大。

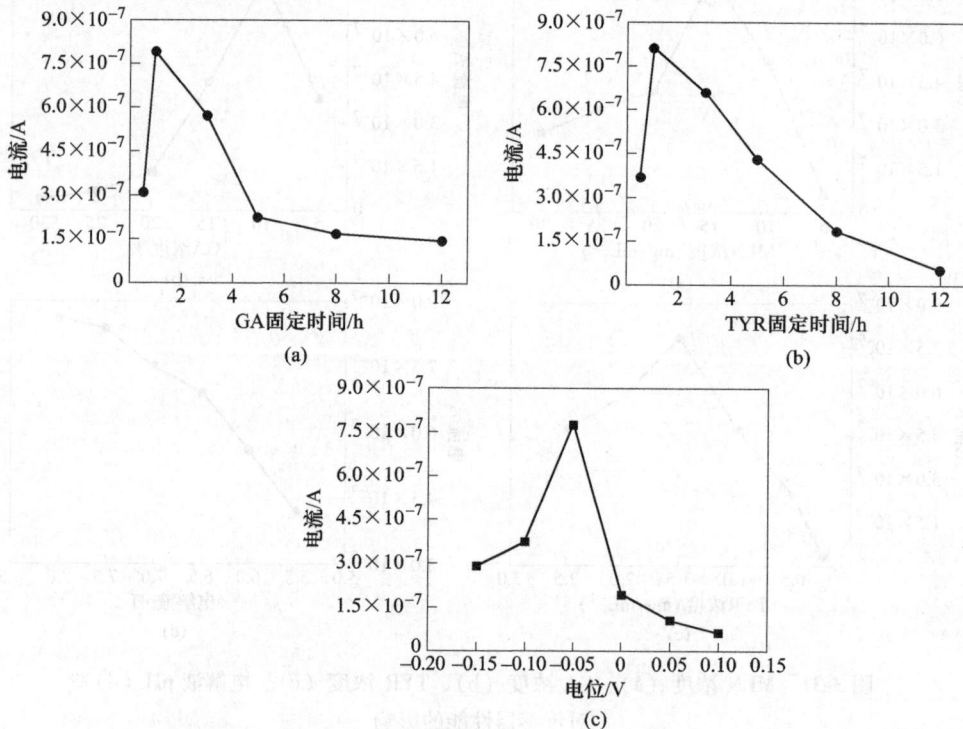

图 3-32　GA 和 TYR 固定时间（a）（b）及电位（c）的优化

3.2.8 TYR/GA/MLN/GCE 生物传感器对邻苯二酚的校准曲线分析

图 3-33 显示了在外加电位为−0.05 V 时，在电解液（pH = 8.0）中连续添加不同浓度的 CC 时，用所制备的电化学生物传感器测得的电流−时间曲线。在缓冲溶液中连续加入不同浓度的邻苯二酚后，观察到与邻苯二酚浓度成比例的清晰还原峰电流，这归因于酶催化形成的邻苯二醌的还原。随着邻苯二酚的加入，在

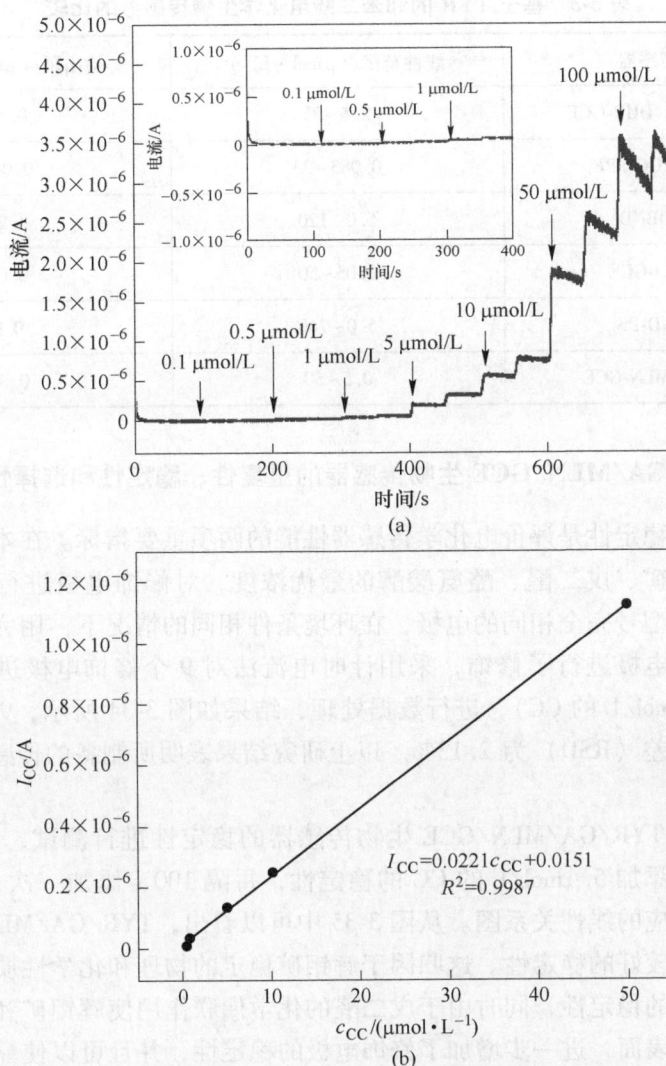

$$I_{CC} = 0.0221 c_{CC} + 0.0151$$
$$R^2 = 0.9987$$

图 3-33　TYR/GA/MLN/GCE 对不同浓度 CC 的电流−时间曲线（a）和
TYR/GA/MLN/GCE 对 CC 的校准曲线（b）

5 s 内达到稳态电流。邻苯二酚在 0.5~50 μmol/L 浓度范围内与还原峰电流之间表现出良好的线性关系，线性回归方程为 $I_{CC} = 0.0221c_{CC} + 0.0151$，$R^2 = 0.9987$，检出限（LOD）为 0.33 μmol/L。表 3-3 对比了不同的邻苯二酚生物传感器的检测效果，本实验所制备的邻苯二酚生物传感器的灵敏度不是特别优越，但将天然辉钼矿直接作为传感器电极的修饰材料，原料易得，且与纳米材料相比，仍具有相当的电化学性能。

表 3-3   基于 TYR 的邻苯二酚电化学生物传感器的比较

生物传感器	线性范围/（μmol·L^{-1}）	检出限/（μmol·L^{-1}）
TYR/AuNPs/DHP-GCE	2.5~95	0.17
TYR/Au/GO-SPE	0.083~23	0.082
TYR/BBND	5.0~120	3.28
TYR/GO-GCE	0.05~50	0.03
TYR/ND-PS	5.0~740	0.9
TYR/GA/MLN-GCE	0.5~50	0.33

3.2.9   TYR/GA/MLN/GCE 生物传感器的重复性、稳定性和选择性

重复性和稳定性是评价电化学传感器性能的两项重要指标。在本书相关实验中，选定辉钼矿、戊二醛、酪氨酸酶的最优浓度，对修饰电极进行了重复性测试。选取 9 个型号完全相同的电极，在环境条件相同的情况下，用完全相同的制备方法对 9 个电极进行了修饰，采用计时电流法对 9 个修饰电极进行重复性测试（检测 5 μmol/L 的 CC），进行数据处理，结果如图 3-34 所示，9 个修饰电极的相对标准偏差（RSD）为 2.13%。以上研究结果表明所制备的传感器具有良好的重复性。

接下来对 TYR/GA/MLN/GCE 生物传感器的稳定性进行测试，如图 3-35 所示，测试连续添加 5 μmol/L 的 CC 的稳定性，每隔 100 s 添加一次，插图为 CC 浓度与电流响应的线性关系图。从图 3-35 中可以看出，TYR/GA/MLN/GCE 生物传感器表现出较好的稳定性。这归因于辉钼矿稳定的物理和化学性质使修饰电极可以保持很好的稳定性，同时由于戊二醛的化学偶联作用使辉钼矿和酪氨酸酶牢牢吸附在电极表面，进一步增加了修饰电极的稳定性，并且可以使酪氨酸酶在电极表面更好地发挥活性作用。9 次连续测试之后，信号仍非常平稳，表明 TYR/GA/MLN/GCE 生物传感器具有良好的稳定性。其相对标准偏差（RSD）为 6.64%。

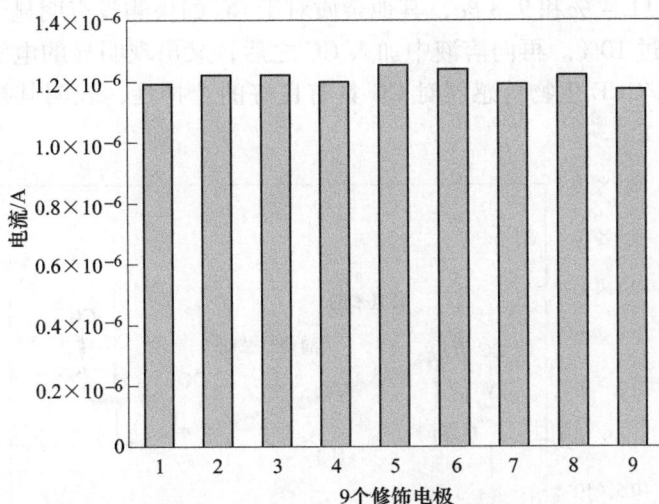

图 3-34 TYR/GA/MLN/GCE 生物传感器的重复性测试结果

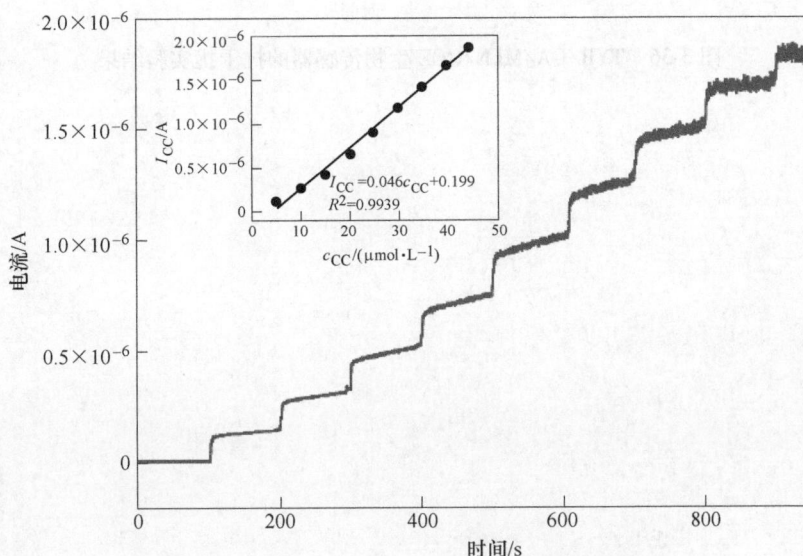

图 3-35 TYR/GA/MLN/GCE 生物传感器的稳定性测试结果

选择性也是评价传感器性能的一个重要指标。图 3-36 显示了 TYR/GA/MLN/GCE 生物传感器检测 CC 浓度时对不同物质的抗干扰能力。首先在 0.1 mol/L 的 PBS（pH=8.0）中加入 50 μmol/L 的 CC，TYR/GA/MLN/GCE 对 CC 有明显的电流响应，接着依次向溶液中加入 100 倍的苯酚、对氯苯酚、间氨基苯酚、DA、DOPAC 等潜在干扰物质，实验发现对 CC 干扰最大的物质是苯酚和对氯苯酚，干扰信号分别为 11.4 ％和 9.8 ％，其他杂质对于 CC 的检测没有明显干扰，干扰的相对误差不超过 10%。再向溶液中加入 CC 之后，又出现明显的电流响应，说明 TYR/GA/MLN/GCE 生物传感器对 CC 具有良好的选择性，表明其抗干扰能力比较强。

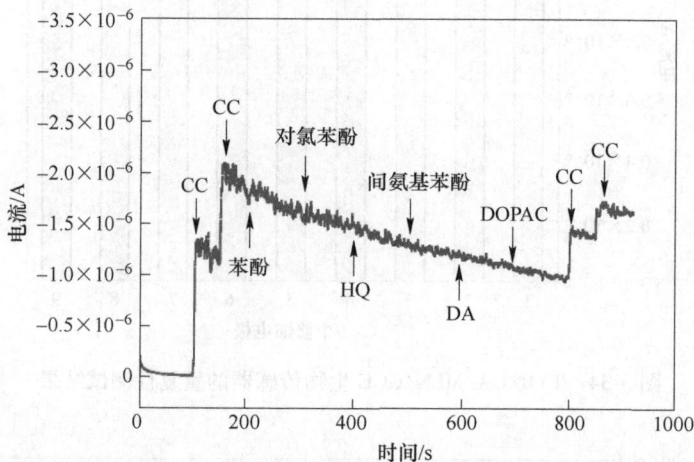

图 3-36　TYR/GA/MLN/GCE 生物传感器的抗干扰实验结果

4 基于黄铜矿基修饰电极的电化学传感器研究

黄铜矿是一种重要的铜铁硫化物矿物，主要成分为 $CuFeS_2$，它是地壳中分布最广泛的铜矿物之一，主要用于提炼铜金属，是炼铜的主要原料。黄铜矿具有优异的导电性、丰富的活性中心和较高的理论容量。在电化学领域，黄铜矿在储能设备电极材料、电化学氧化处理、电芬顿反应催化剂、电化学浸出方面都有非常重要的应用。

4.1 炭黑掺杂黄铜矿基无酶传感器的制备及对过氧化氢的检测

过氧化氢（H_2O_2）因优异的性能被广泛应用于化工、纺织、食品、电子、造纸、环境等各个领域。虽然 H_2O_2 是公认的低毒物质，但不当或过量使用也可能对人体或环境产生不良影响。因此，准确、灵敏地监测 H_2O_2 在生物医药、食品安全和环境保护等方面具有极其重要的意义。

目前已经发展了许多分析技术用来测定 H_2O_2 浓度，如色谱法、荧光法、电化学分析法、氧化还原滴定法等。其中，电化学分析法以灵敏度高、选择性好、分析速度快、成本低廉等优点在 H_2O_2 的检测中引起了广泛的关注。辣根过氧化物酶、肌红蛋白、血红蛋白和细胞色素 C 已被用于制备 H_2O_2 传感器。H_2O_2 传感器包含酶基传感器以及无酶传感器两种类型。基于酶的电化学传感器成本较高且不稳定，不适合实际应用。因此，人们对开发成本低、检测灵敏度高且具有高催化活性的无酶传感器非常感兴趣。为了提高检测精度，无酶电化学传感器广泛采用了大量改性材料，如纳米材料、离子液体、陶瓷等。

炭黑（CB）是一种碳纳米材料，具有导电性强、分散性好、成本低等特点。有文献报道了炭黑与其他材料结合使用可以提高电化学传感器的导电性和灵敏度。炭黑和柱［5］芳烃结合修饰玻碳电极制备的传感器可以用于弱有机酸和天然 DNA 的定量检测。多孔氧化铁/炭黑（$P\text{-}Fe_2O_3/CB$）复合修饰玻碳电极可用于低电荷转移电阻的盐酸氯丙嗪电化学传感器中。

黄铜矿因优异的物理和化学性质、低廉的成本，被广泛应用于冶金、电子等领域。本节以纯黄铜矿和 CB 为原料，采用物理共吸附的方法制备了简单的 H_2O_2

电化学传感器，CB 和黄铜矿的协同作用可以提高电子转移速率，加速电化学催化反应。$CuFeS_2$-CB/GCE 传感器对 H_2O_2 的检测具有选择性高、灵敏度好、线性范围宽、重复性好等特点。

4.1.1　$CuFeS_2$-CB/GCE 传感器的制备

分别用 1.0(m) 和 0.05(m) 的氧化铝抛光粉对 GCE 进行抛光。用去离子水对 GCE 进行超声处理，以去除黏附的氧化铝和任何杂质。将 3.0 mg 的 $CuFeS_2$ 加入 1.5 mL 的磷酸盐缓冲溶液（0.1 mol/L，pH = 7.0）中，超声振荡 30 min，确保 $CuFeS_2$ 分散均匀。然后将 6.0 mg 的 CB 加入 1.5 mL 的磷酸盐缓冲溶液（0.1 mol/L，pH = 7.0）中，超声振荡 40 min。取上述两种悬浊液各 10 μL 混合，再次振荡 30 min，制备 $CuFeS_2$-CB 混合物。最后，将 10 μL 的该混合物滴在 GCE 表面，自然晾干。$CuFeS_2$-CB/GCE 传感器制备过程及对 H_2O_2 的检测机理如图 4-1 所示。

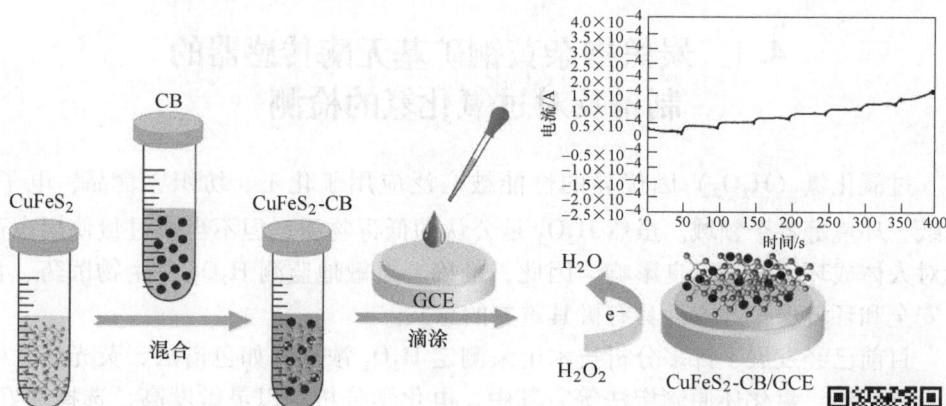

图 4-1　$CuFeS_2$-CB/GCE 传感器的制备及对 H_2O_2 的检测机理

图 4-1 彩图

4.1.2　不同硫化物矿物修饰电极的电化学响应

为了研究不同硫化物矿物对电催化检测 H_2O_2 的影响，分别选取 $CuFeS_2$、FeS_2、MoS_2 和 Ag_2S 四种纯硫化物矿物混合 CB 对 GCE 电极进行修饰。采用计时电流法分析，实验在饱和 N_2 的 0.1 mol/L 的磷酸盐缓冲溶液（pH = 7.0）中进行，施加电位（vs. Ag/AgCl）为 −550 mV，结果如图 4-2 所示。在 −550 mV 电位下，O_2 会与 H_2O_2 竞争，最终导致还原峰电流重叠。从实验结果中可以看出，$CuFeS_2$-CB/GCE 和 FeS_2-CB/GCE 对 20 mmol/L 的 H_2O_2 的阴极电流响应分别为 50.7 μA 和 24.7 μA，表明 $CuFeS_2$-CB/GCE 和 FeS_2-CB/GCE 对 H_2O_2 的检测具有电催化活性，而 MoS_2-CB/GCE 和 Ag_2S-CB/GCE 对 H_2O_2 的检测几乎没有电流响应。$CuFeS_2$-CB/GCE 的响应电流约是 FeS_2-CB/GCE 的 2.1 倍，说明 $CuFeS_2$ 在所

选硫化物矿物中表现出最好的电催化活性。因此，在后续的实验中选择 CuFeS₂ 作为修饰电极的基底材料。

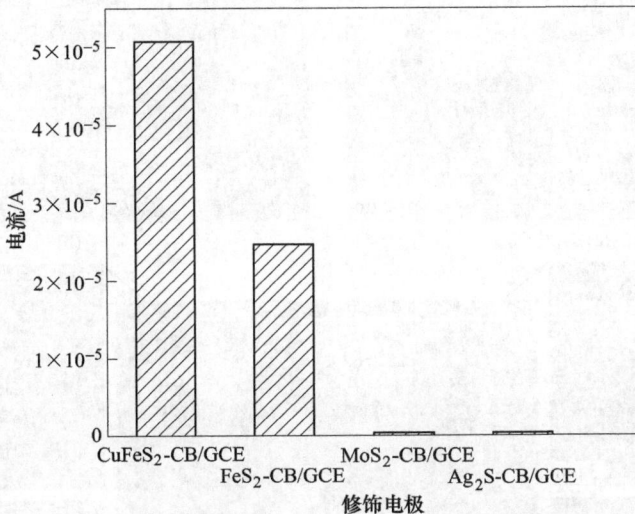

图 4-2　不同硫化物矿物修饰电极对 20 mmol/L 的 H₂O₂ 电催化检测的影响

4.1.3　CuFeS₂-CB/GCE 传感器的表征

通过 SEM 来表征 CuFeS₂ 的形貌，如图 4-3（a）所示，可以看出 CuFeS₂ 呈现不规则的块状，这与之前的研究相似。CuFeS₂ 原料为微米级尺寸。CuFeS₂-CB 的 SEM 图像如图 4-3（b）所示，显示出微小的颗粒，这归因于 CB 的存在。物理混合之后的 CuFeS₂ 与 CB 紧密吸附在一起，推测 CuFeS₂ 和 CB 的协同作用可以提高电催化活性，有利于电子转移。图 4-3（c）为 CuFeS₂-CB 的 EDS 图像，CuFeS₂-CB 混合物的主要元素组成为 C、Cu、Fe 和 S，这些元素分布均匀。

接下来利用 XRD 分析了 CuFeS₂、CB 和 CuFeS₂-CB 的物相特征，如图 4-4 所示，可以看出在 29.4°、48.1° 和 57.0° 处出现了三个明显的强衍射峰，这三个强衍射峰与卡库中的 CuFeS₂（PDF 37-0471）的衍射峰相对应。CB 是一种非晶态碳，在约 24.0° 和 44.0° 处有两个非晶态峰。图 4-4（c）为 CuFeS₂ 和 CB 混合物的 XRD 图谱，显示了 CuFeS₂ 和 CB 的特征峰。

4.1.4　修饰电极表面的电化学行为

为了探讨 CuFeS₂ 和 CB 之间的协同效应，对所制备的电极进行了分析，如图 4-5 所示，在 N₂ 饱和的 0.1 mol/L 的 PBS（pH=7.0）中，采用循环伏安法研究了添加和不添加 H₂O₂ 的 4 种不同电极。从图 4-5（a）可以看出，裸 GCE 对

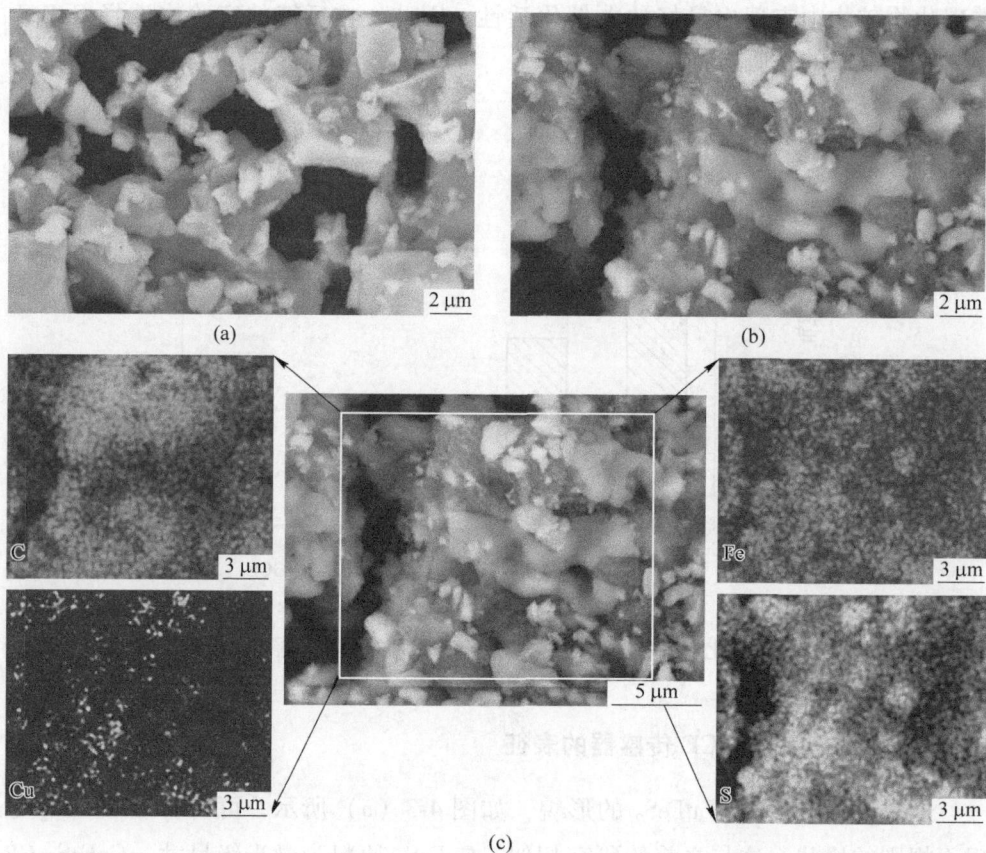

图 4-3　CuFeS$_2$（a）、CuFeS$_2$-CB（b）的 SEM 图像和 CuFeS$_2$-CB 的 EDS 图像（c）

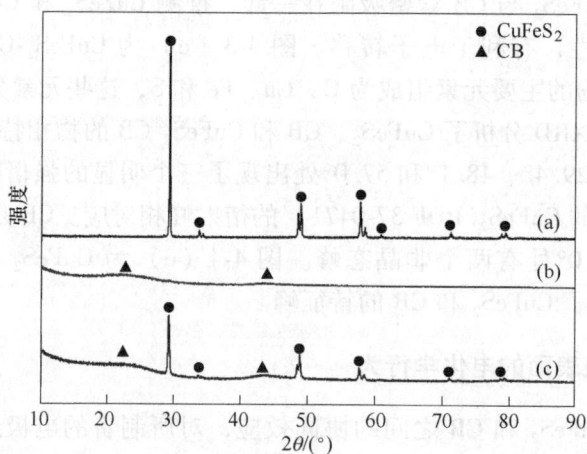

图 4-4　CuFeS$_2$(a)、CB(b) 和 CuFeS$_2$-CB(c) 的 XRD 图谱

20 mmol/L 的 H_2O_2 的还原峰电流非常小，检测的线性范围为 2.5~150 mmol/L，灵敏度为 1.630 $\mu A \cdot mmol^{-1} \cdot L \cdot cm^{-2}$。裸 GCE 具有较宽的线性范围，但与其他电极相比灵敏度很低。GCE 本质上是一种惰性的电载体，可用于评价其他三种修饰电极的电化学差异。在 GCE 表面单独修饰 CB 时，响应电流在 4 种电极中是最大的，仅在负电位较大的区域表现出较小的响应电流，不适用于低浓度 H_2O_2 的检测。图 4-5（b）中 CB/GCE 修饰电极对 H_2O_2 检测的线性范围为 30~50 mmol/L，灵敏度为 77.87 $\mu A \cdot mmol^{-1} \cdot L \cdot cm^{-2}$，由于检测浓度偏大，不适合实际应用。图 4-5（c）为 $CuFeS_2$/GCE 的循环伏安曲线。H_2O_2 的还原峰电流从电位（vs. Ag/AgCl）

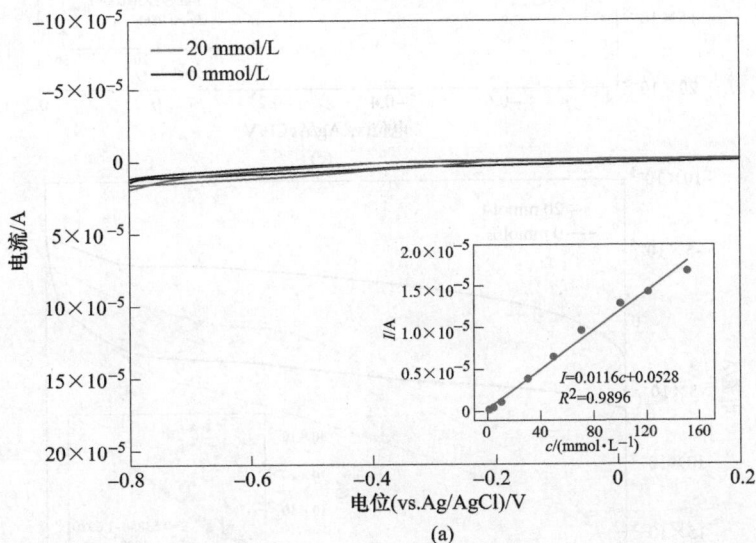

(a)

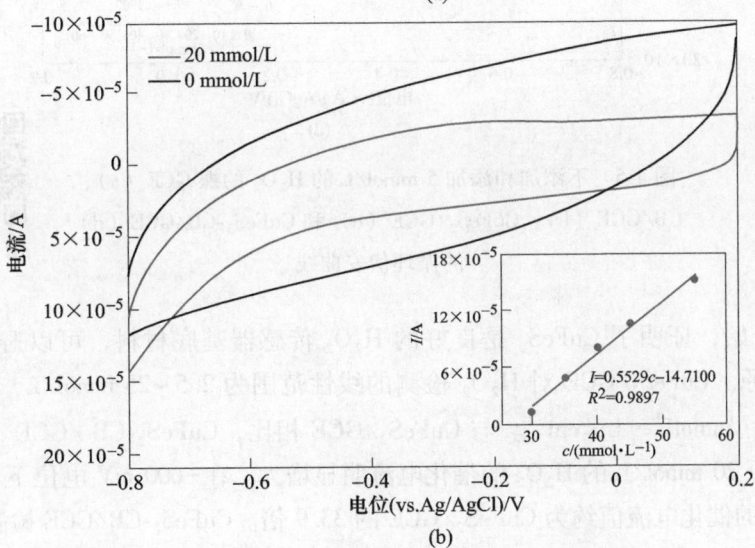

(b)

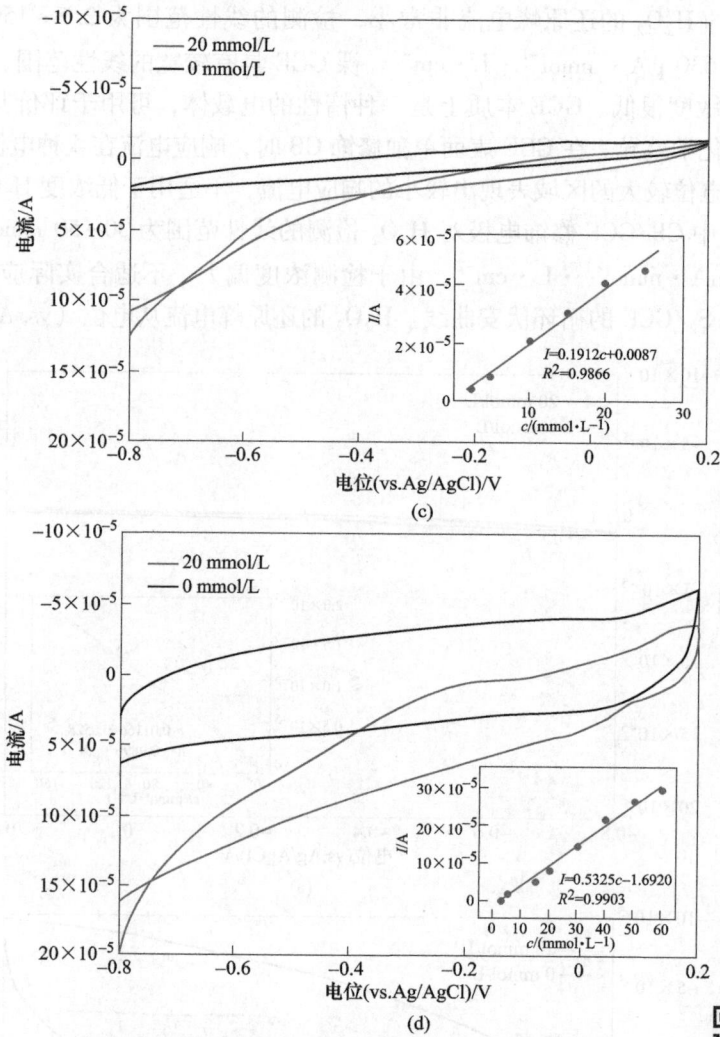

图 4-5 不添加和添加 5 mmol/L 的 H_2O_2 的裸 GCE（a）、
CB/GCE（b）、$CuFeS_2$/GCE（c）和 $CuFeS_2$-CB/GCE（d）
的循环伏安曲线

图 4-5 彩图

200 mV 开始，证明了 $CuFeS_2$ 是良好的 H_2O_2 传感器基底材料，可以避免溶解氧的竞争还原。$CuFeS_2$/GCE 对 H_2O_2 检测的线性范围为 2.5~25 mmol/L，灵敏度为 26.93 $\mu A \cdot mmol^{-1} \cdot L \cdot cm^{-2}$。与 $CuFeS_2$/GCE 相比，$CuFeS_2$-CB/GCE［见图 4-5（d）］还原 20 mmol/L 的 H_2O_2 的催化电流明显增大。在-600 mV 电位下，$CuFeS_2$-CB/GCE 的催化电流值约为 $CuFeS_2$/GCE 的 33.9 倍。$CuFeS_2$-CB/GCE 检测 H_2O_2 的线性范围为 2.5~60 mmol/L，灵敏度为 74.98 $\mu A \cdot mmol^{-1} \cdot L \cdot cm^{-2}$。$CuFeS_2$ 与 CB

的结合不仅提高了对 H_2O_2 的响应电流，而且扩大了检测的线性范围。可见，$CuFeS_2$ 与 CB 协同作用可以提高对 H_2O_2 的电催化活性。

H_2O_2 可以在 $CuFeS_2$-CB/GCE 修饰电极表面发生氧化和还原反应。由图 4-6 可以看出，随着 H_2O_2 浓度的不断增加，氧化峰电流和还原峰电流均不断增大。由于还原峰电流增加的程度远远大于氧化峰电流增加的程度，$CuFeS_2$-CB/GCE 对 H_2O_2 的检测受还原峰电流的影响。$CuFeS_2$ 与 CB 的结合增强了还原 H_2O_2 的电催化活性。

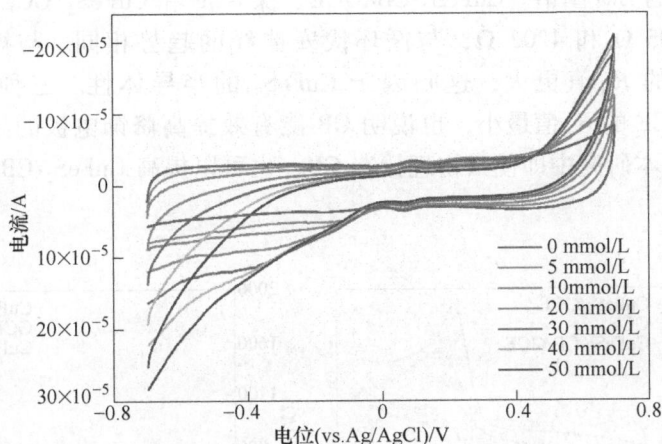

图 4-6 $CuFeS_2$-CB/GCE 对不同浓度 H_2O_2 的循环伏安曲线

其电化学氧化还原过程如下：

H_2O_2 的阳极氧化是一个被广泛研究的过程，它是基于以下反应发生的：

$$H_2O_2 \longrightarrow O_2 + 2H^+ + 2e^-$$

H_2O_2 的氧化分解反应释放 O_2。在阴极扫描过程中，形成的 O_2（和大气中的 O_2）根据反应的不同被还原为 H_2O：

$$O_2 + 4H^+ + 4e^- \longrightarrow 2H_2O$$

H_2O_2 在阴极电位下还原为 H_2O：

$$H_2O_2 + 2H^+ + 2e^- \longrightarrow 2H_2O$$

$CuFeS_2$-CB/GCE 修饰电极表面发生 H_2O_2 氧化还原反应，H_2O_2 分子在电极表面被吸附氧化分解为 O_2。由于 $CuFeS_2$-CB 在电极表面的扩散，H_2O_2 分子与氧化反应生成的 e^- 和 H^+ 直接反应，H_2O_2 被还原为 H_2O。

改性材料的表面性质对无酶电化学传感器的电催化活性和电子转移性能有很大影响。在含 5 mmol/L 的 $[Fe(CN)_6]^{3-/4-}$ 的 PBS（0.1 mol/L，pH=7.0）中，扫描速率为 100 mV/s，研究 $CuFeS_2$-CB/GCE、裸 GCE 和 $CuFeS_2$/GCE 的电化学行为，实验结果如图 4-7（a）所示。经过计算，CuFeS$_2$-CB/GCE、裸 GCE 和 CuFeS$_2$/GCE 的氧化峰和还原峰电位差分别为 98.10 mV、224.0 mV 和 360.5 mV。CuFeS$_2$/GCE 的氧化峰和还原峰电位差比裸 GCE 大，这是由于硫化矿具有半导体性。在 CuFeS$_2$ 的基础上掺杂 CB 之后，由于 CB 具有高导电性，CuFeS$_2$-CB/GCE 表现出了最高的电子转移效率。

EIS 是评价修饰电极表面与电解液界面特性的有力工具。图 4-7（b）是用 $[Fe(CN)_6]^{3-/4-}$ 作为电化学氧化还原探针得到的 CuFeS$_2$-CB/GCE、裸 GCE 和 CuFeS$_2$/GCE 的 EIS 图谱。CuFeS$_2$-CB/GCE、裸 GCE 和 CuFeS$_2$/GCE 的 R_{et} 分别为 125.0 Ω、1195 Ω 和 4202 Ω，与循环伏安曲线的趋势相同。与裸 GCE 相比，CuFeS$_2$/GCE 的 R_{et} 值更大，这归因于 CuFeS$_2$ 的半导体性。三种修饰电极中 CuFeS$_2$-CB/GCE 的 R_{et} 值最小，也说明 CB 能有效提高修饰电极的导电性。可以肯定的是，在本研究中即使只物理掺杂 CB，也可以提高 CuFeS$_2$-CB/GCE 上的电子转移速率。

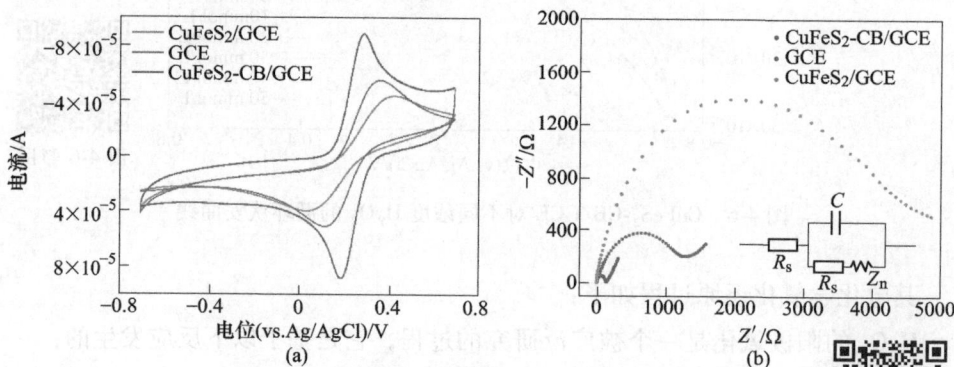

图 4-7　CuFeS$_2$/GCE、裸 GCE 和 CuFeS$_2$-CB/GCE 的
循环伏安曲线（a）和 EIS 图谱（b）

图 4-7 彩图

采用循环伏安法研究了扫描速率对电子转移过程的影响，如图 4-8（a）所示，显示了 CuFeS$_2$-CB/GCE 在含有 5 mmol/L 的 $[Fe(CN)_6]^{3-/4-}$ 的 0.1 mol/L 的 PBS（pH=7.0）中不同扫描速率下的结果。线性方程为 $I_{pa} = -0.0885v - 4.082$，$R^2 = 0.9801$；$I_{pc} = 0.0843v + 4.219$，$R^2 = 0.9806$[见图 4-8（b）]。在 10~100 mV/s 范围内，I_{pa} 和 I_{pc} 随扫描速率的增加呈线性增加。结果表明，CuFeS$_2$-CB/GCE 上的电化学过程是扩散控制过程。溶液中电子向物质转移的表面积可通过文献中的 Randles-Sevcik 方程计算。当电极的几何面积为 1 cm^2 时，H$_2$O$_2$ 在 CuFeS$_2$-CB/GCE 上的表面积为 1.91 cm^2。CuFeS$_2$-CB/GCE 的催化电流比裸 GCE 的催化电流强，这可以解释为改性成功。

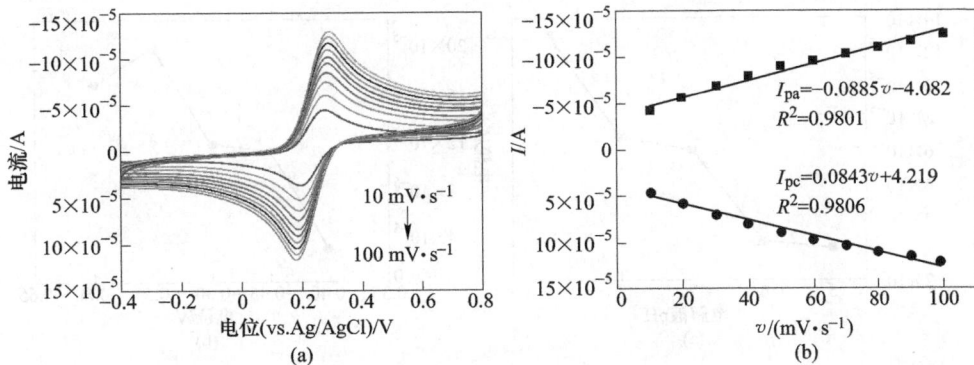

图 4-8　10~100 mV/s 扫描速率下，CuFeS$_2$-CB/GCE 的循环
伏安曲线（a）和 I_p 与 v 的关系（b）
（其中 I_{pa} 为氧化峰电流，I_{pc} 为还原峰电流）

图 4-8 彩图

4.1.5　实验条件的优化

电解液 pH 是影响传感器性能的重要因素。采用循环伏安法优化电解液 pH，选择电位（vs. Ag/AgCl）为 -550 mV，考察 pH 在 5.0~9.0 范围内对 20 mmol/L 的 H$_2$O$_2$ 响应电流的影响，如图 4-9（a）所示，可以看出随着 pH 不断增大，响应电流逐渐增大。虽然 CuFeS$_2$-CB/GCE 在 pH=9 的碱性条件下对 H$_2$O$_2$ 的响应电流最大，但是碱性条件下 H$_2$O$_2$ 会发生额外的反应，影响检测精度，因此碱性环境不适合 H$_2$O$_2$ 电化学传感器。此外，从应用的角度来看，强酸性和强碱性溶液都是不可取的。因此，在接下来的实验中，选择在 pH=7 的条件下进行。图 4-9（b）显示了检测 20 mmol/L 的 H$_2$O$_2$ 的电位优化。在 -550~-400 mV 范围内，随着负电位不断增大，H$_2$O$_2$ 的还原峰电流也不断增大，并在 -550 mV 时达到最大值。因此，选择 -550 mV 作为后续实验的最佳电位。图 4-9（c）展示了修饰电极材料固定时间为 0.5~2.5 h 对 CuFeS$_2$-CB 在 -550 mV 电位下响应电流的影响，可以看出当固定时间为 1.0 h 时，对 H$_2$O$_2$ 的还原电流最大，因此选择 1.0 h 为最佳固定时间。为了提高 CuFeS$_2$-CB/GCE 传感器检测 H$_2$O$_2$ 的性能，优化了 CuFeS$_2$ 与 CB 的质量比，不同 CuFeS$_2$ 和 CB 质量比的实验结果如图 4-9（d）所示。当 CuFeS$_2$ 与 CB 的质量比为 1:2 时，对 H$_2$O$_2$ 的响应电流最佳。因此，在接下来的实验中，选取 CuFeS$_2$ 和 CB 的质量比为 1:2。

4.1.6　CuFeS$_2$-CB/GCE 传感器对过氧化氢的电化学响应和校准曲线分析

接下来评价 CuFeS$_2$-CB/GCE 传感器检测 H$_2$O$_2$ 的电化学性能。图 4-10（a）显示了制备的无酶传感器在 N$_2$ 饱和的 PBS（pH=7.0）中连续添加不同浓度的 H$_2$O$_2$ 时的电流-时间曲线，施加电位（vs. Ag/AgCl）为 -550 mV。稳态阴极背景

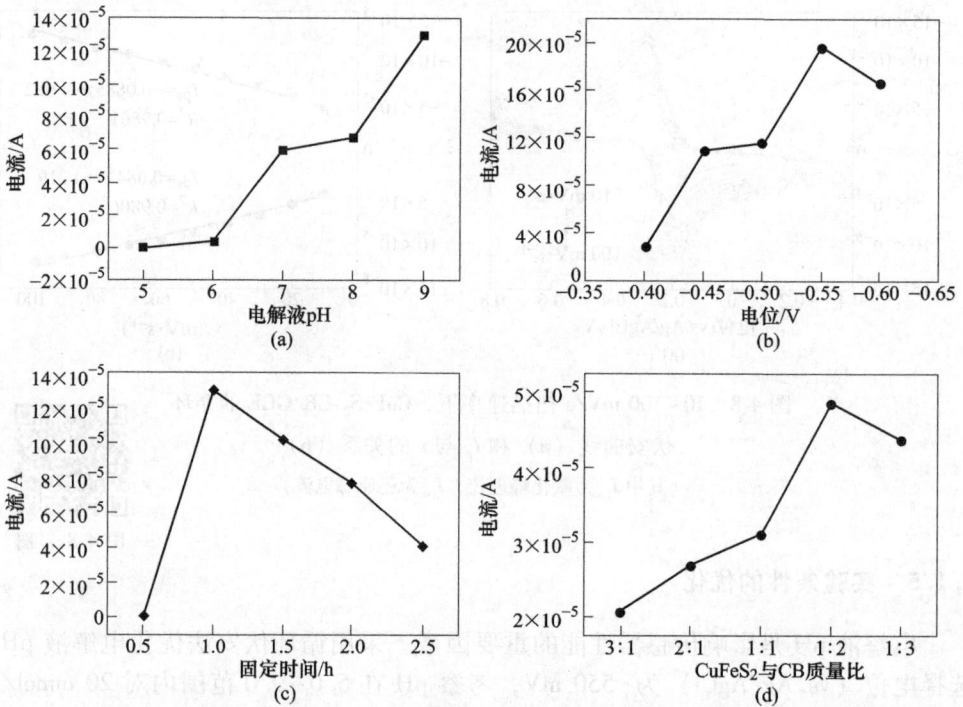

图 4-9　电解液 pH、电位、固定时间和 CuFeS$_2$ 与 CB 质量比对响应电流的影响

电流在加入 H$_2$O$_2$ 后迅速变化，并在 6 s 内达到另一个稳态电流。H$_2$O$_2$ 在 0.1~100 mmol/L 浓度范围内呈线性电流响应，线性方程为 $I = 0.4539\,c - 0.1259$，$R^2 = 0.9999$（$n=3$），见图 4-10（b）。H$_2$O$_2$ 的检出限（LOD）为 0.04 mmol/L。表 4-1 总结了文献报道的无酶传感器检测 H$_2$O$_2$ 的性能与本书制备的 CuFeS$_2$-CB/GCE 传感器的比较。考虑到以硫化矿为电化学平台，CuFeS$_2$-CB/GCE 的性能具有可比性。

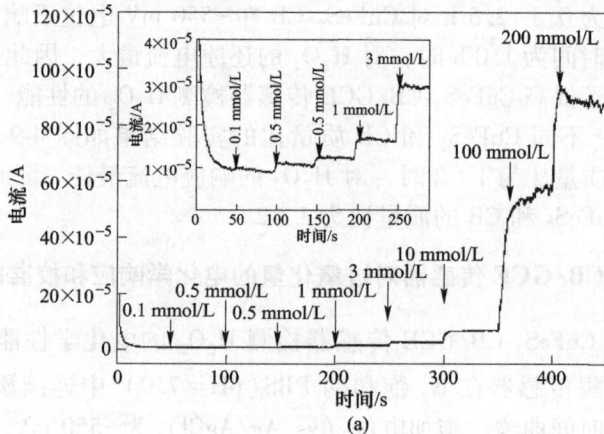

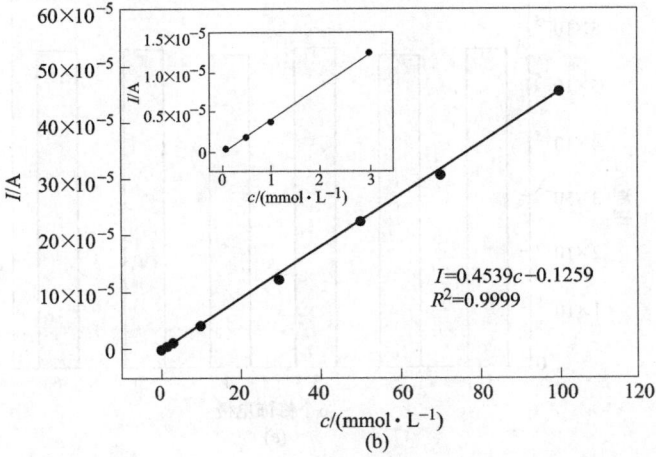

$I=0.4539c-0.1259$
$R^2=0.9999$

(b)

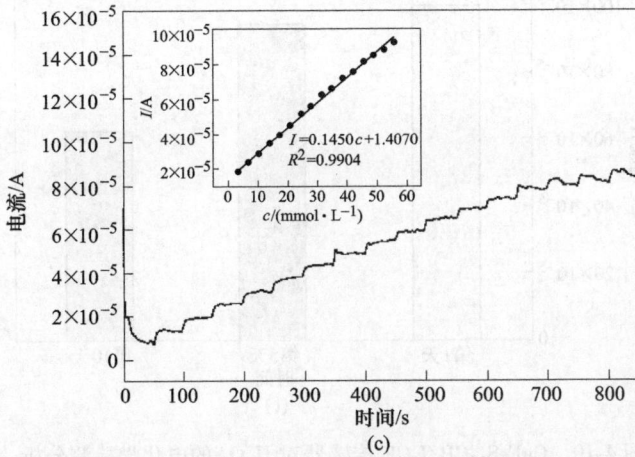

$I=0.1450c+1.4070$
$R^2=0.9904$

(c)

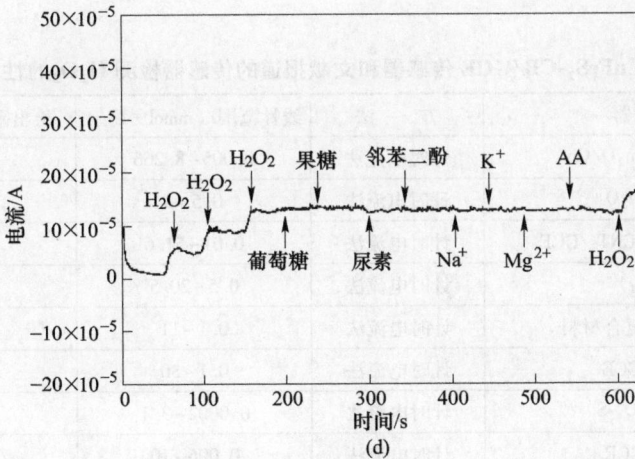

(d)

(e)

(f)

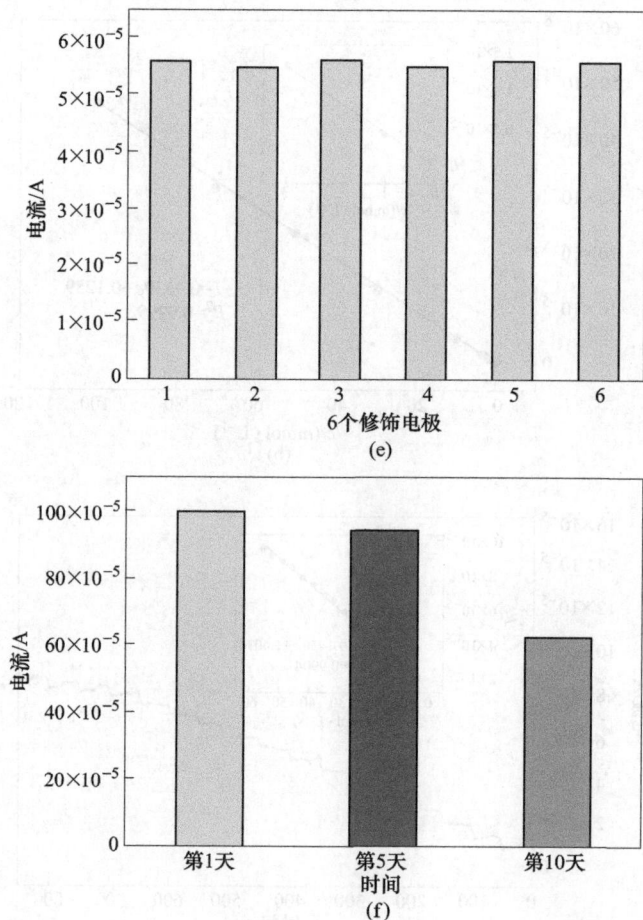

图 4-10   CuFeS$_2$-CB/GCE 传感器对 H$_2$O$_2$ 的电化学检测分析

表 4-1   CuFeS$_2$-CB/GCE 传感器和文献报道的传感器检测 H$_2$O$_2$的性能对比

传 感 器	方 法	线性范围/(mmol · L^{-1})	检出限/(mmol · L^{-1})
CuO/rGO/Cu$_2$O/Cu	计时电流法	0. 005~8. 266	0. 001
NiO/α-Fe$_2$O$_3$	计时电流法	0. 5~3	0. 05
Ni(II)-MOFs/CNTs/GCE	计时电流法	0. 01~51. 6	0. 002
FeS(F$_4$)	计时电流法	0. 5~20. 5	0. 15
GO-Ag 纳米复合材料	计时电流法	0. 1~11	0. 028
PR/Ag-GCE	计时电流法	0. 1~30	0. 02
Ag@ Co$_3$O$_4$-S	计时电流法	0. 0002~3. 1	0. 09
CB/PI-GCE	计时电流法	0. 006~10	0. 001

续表4-1

传　感　器	方　　法	线性范围/(mmol·L⁻¹)	检出限/(mmol·L⁻¹)
CuFeS$_2$-CB/GCE	循环伏安法	2.5~60	1.0
	计时电流法	0.1~100	0.04

采用稳态安培法评价 CuFeS$_2$-CB/GCE 传感器检测 H$_2$O$_2$ 的性能。在 -550 mV（vs. Ag/AgCl）电位下，连续向电解液中加入 16 次 H$_2$O$_2$，如图 4-10（c）所示，可以看出 CuFeS$_2$-CB/GCE 传感器对 H$_2$O$_2$ 的连续检测呈稳态电流变化特征，且浓度与响应电流呈良好的线性关系。计算得到相对标准偏差（RSD）为 9.13%。对于无酶传感器，选择性是影响其性能的重要因素。通过向电解液中添加可能干扰物质来评价 CuFeS$_2$-CB/GCE 传感器的选择性。图 4-10（d）显示了 5 mmol/L 的 H$_2$O$_2$ 和 5 mmol/L 的可能干扰物质存在时的相对响应电流，可以看出 CuFeS$_2$-CB/GCE 传感器具有良好的选择性和可靠的抗干扰能力。此外，还评估了 CuFeS$_2$-CB/GCE 传感器的重复性，在相同条件下制备 6 个修饰电极用于检测 20 mmol/L 的 H$_2$O$_2$，如图 4-10（e）所示。6 个修饰电极的 RSD 为 0.96%，表明所制备的传感器具有良好的重复性。接着采用稳态安培法研究了 CuFeS$_2$-CB/GCE 传感器的稳定性。制备的传感器不使用时在 20 ℃ 干燥状态下保存。图 4-10（f）显示了 CuFeS$_2$-CB/GCE 传感器在第 1 天、第 5 天和第 10 天对 20 mmol/L 的 H$_2$O$_2$ 的电流响应。保存 5 天和 10 天后，其活性分别为原来的 94.3% 和 63.1%，表明 CuFeS$_2$-CB/GCE 传感器具有较好的稳定性。

4.1.7　实际样品检测

为了验证 CuFeS$_2$-CB/GCE 传感器的实用性，测试将其应用于饮用水中 H$_2$O$_2$ 的检测效果，如表 4-2 所示。三个水样均未检测到 H$_2$O$_2$ 的存在。当向样品中加入一定量的 H$_2$O$_2$ 时，可以检测到相应的响应电流。该传感器的回收率为 94.8%~96.0%，相对标准偏差小于 5.00%（$n=3$），表明该电极可用于实际样品中 H$_2$O$_2$ 的检测。

表 4-2　CuFeS$_2$-CB/GCE 传感器应用于饮用水的检测

水样	原始浓度 /(mmol·L⁻¹)	实际检测浓度 /(mmol·L⁻¹)	相对标准偏差（RSD） /%	回收率 /%
1	10	9.60	1.93	96.0
2	30	28.7	4.41	95.6
3	50	47.4	2.03	94.8

注：相对标准偏差通过三次独立实验计算。

4.2　亚甲基蓝电沉积黄铜矿基无酶传感器的制备及对过氧化氢的检测

过氧化氢（H_2O_2）因具有良好的性能而在许多领域都有非常广泛的应用，例如化工、环境、食品、纺织、造纸等领域。尽管 H_2O_2 被认为是一种低毒物质，但不当或过量使用仍会损害人体的健康或对环境产生一定的危害，实时准确检测其浓度就显得尤为重要。

现今，过氧化氢的检测手段多样，常用方法包括光谱分析法、色谱分离法、氧化还原滴定法以及电化学分析法等多种。其中，电化学分析法检测过氧化氢既便捷又准确。根据修饰电极有无生物酶，电化学传感器可分为酶生物传感器和无酶传感器。酶生物传感器虽然具有专一性，但酶的活性易受环境温度、pH 的影响；而无酶传感器在电化学反应过程中不需要酶的参与，受环境的影响比较小，近年来受到了学者的青睐。目前，纳米材料、离子液体、陶瓷等多种材料已被用作检测 H_2O_2 的传感器的改性材料。

黄铜矿（主要成分为 $CuFeS_2$）是硫化矿的代表性矿物之一，是储量最丰富的铜矿物，也是最具经济价值的铜资源。近年来，由于其氧化还原能力和半导体特性，黄铜矿被广泛用作传感器材料。亚甲基蓝（MB）是一种生物染料，具有大的共轭体系，能促进电极表面的电子转移，亚甲基蓝在导电基底上表现出良好的电化学性能，它能够在玻碳电极上通过电聚合产生具有优异电活性的聚合薄膜。

本书相关实验首先将纯 $CuFeS_2$ 修饰在玻碳电极上，接着通过电化学聚合，将 MB 电沉积在纯 $CuFeS_2$ 修饰的玻碳电极上，成功制备了 H_2O_2 无酶电化学传感器 $p(MB)/CuFeS_2$-GCE。实验结果表明，这种修饰电极对于 H_2O_2 具有优异的电催化性能。

4.2.1　$p(MB)/CuFeS_2$-GCE 传感器的制备

首先分别用 1.0 μm 和 0.05 μm 的 α-Al_2O_3 研磨粉对玻碳电极进行抛光，再用乙醇和去离子水对玻碳电极进行超声处理并自然晾干，去除附着的氧化铝和其他氧化物杂质。然后将 30.0 mg 纯 $CuFeS_2$ 分散于 1.0 mL 的磷酸盐缓冲溶液（pH = 7.0）中，超声 30 min。采用滴涂法将制备好的纯 $CuFeS_2$ 悬浮液滴在玻碳电极表面，并自然晾干。随后，将 $CuFeS_2$-GCE 浸入 pH = 7.0、浓度为 10 mmol/L 的 MB 磷酸盐缓冲溶液中，并在充氮气条件下，在 -0.4~1.2 V 范围内以 10 mV/s 扫描速率重复扫描电极电位（vs. Ag/AgCl）。最后，将聚合 MB 固定在经 $CuFeS_2$ 改性的玻碳电极表面上。得到的修饰电极即为 $p(MB)/CuFeS_2$-GCE。

图 4-11 为 p(MB)/CuFeS$_2$-GCE 传感器制备过程示意图。

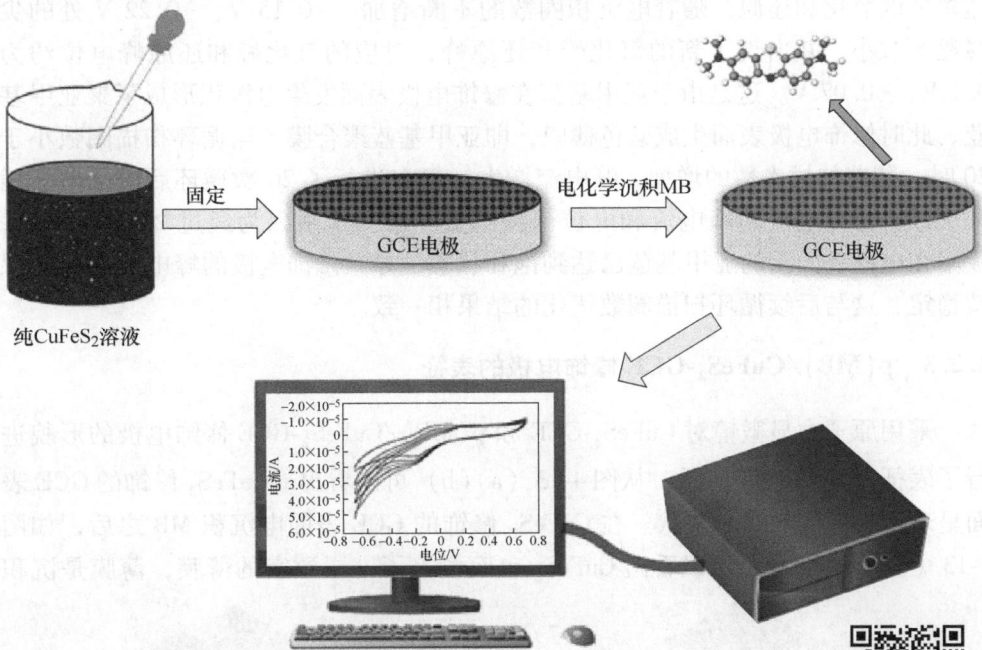

图 4-11　p(MB)/CuFeS$_2$-GCE 传感器制备过程示意图

图 4-11 彩图

4.2.2　亚甲基蓝在 CuFeS$_2$-GCE 上的电化学沉积

图 4-12 为亚甲基蓝电沉积 CuFeS$_2$ 修饰的玻碳电极的循环伏安曲线。电沉积

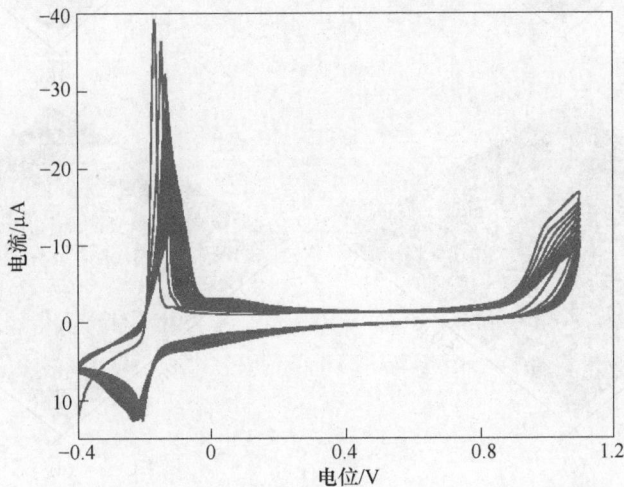

图 4-12　亚甲基蓝电沉积 CuFeS$_2$-GCE 的循环伏安曲线

最开始时，在约-0.15 V、-0.22 V附近出现了尖峰，这些尖峰分别代表亚甲基蓝单体的氧化和还原。随着电沉积圈数的不断增加，-0.15 V、-0.22 V处的尖峰逐渐减小，并出现了新的氧化峰和还原峰，对应的氧化峰和还原峰电位约为0.1 V、-0.07 V。这是由于亚甲基蓝在修饰电极表面发生电沉积形成了聚亚甲基蓝，此时修饰电极表面生成蓝色薄膜，即亚甲基蓝聚合膜。当循环扫描圈数小于20时，随着扫描次数的增加，峰电流增大。但在进行了20次循环后继续增加循环次数，修饰电极的峰电流和电位保持不变。推测这是因为经过20次循环后，吸附在电极表面上的亚甲基蓝已达到饱和状态，导致修饰电极的峰电流和电位保持稳定，这与后续循环扫描圈数优化的结果相一致。

4.2.3　p(MB)/CuFeS$_2$-GCE修饰电极的表征

采用原子力显微镜对CuFeS$_2$-GCE和p(MB)/CuFeS$_2$-GCE修饰电极的形貌进行了表征，如图4-13所示。从图4-13（a）（b）可以看出，CuFeS$_2$修饰的GCE表面呈现不规则的粒状和块状。在CuFeS$_2$修饰的GCE表面电沉积MB之后，如图4-13（c）（d）所示，可以看出CuFeS$_2$表面覆盖了一层致密的薄膜，薄膜是沉积

图 4-13　CuFeS$_2$-GCE(a)(b) 和 p(MB)/CuFeS$_2$-GCE(c)(d) 的 AFM 图像

之后的 MB，说明 MB 成功地沉积在了 $CuFeS_2$ 修饰的 GCE 表面。MB 的沉积防止了 $CuFeS_2$ 的脱落，增加了 $CuFeS_2$ 的稳定性，提高了电子转移速率。

4.2.4　p(MB)/CuFeS₂-GCE 修饰电极的电化学性能

为了得到不同修饰电极的电化学性能，在扫描速率为 100 mV/s 下，测量了在磷酸盐缓冲溶液（0.1 mol/L，pH=7.0）中含 5 mmol/L 的 $[Fe(CN)_6]^{3-/4-}$ 的条件下 p(MB)/CuFeS₂-GCE、裸 GCE 和 CuFeS₂-GCE 的循环伏安曲线，如图 4-14（a）所示。p(MB)/CuFeS₂-GCE、裸 GCE 和 CuFeS₂-GCE 的氧化峰与还原峰之间的电位差分别为 98 mV、112 mV 和 147 mV。与裸 GCE 和 CuFeS₂-GCE 相比，p(MB)/CuFeS₂-GCE 的过电位降低，说明 p(MB)/CuFeS₂-GCE 具有提高电子转移速率的趋势。

采用 EIS 技术对不同的修饰电极进行评价，如图 4-14（b）所示。p(MB)/CuFeS₂-GCE、裸 GCE 和 CuFeS₂-GCE 的 R_{ct} 分别为 51 Ω、552 Ω 和 2780 Ω。与裸 GCE 相比，CuFeS₂-GCE 的 R_{ct} 值更大，这是由 CuFeS₂ 的半导体性质导致的。但三种电极中 p(MB)/CuFeS₂-GCE 的 R_{ct} 值最小，说明在 CuFeS₂-GCE 上电沉积 MB 后可以增加电极的有效表面积和活性位点，从而加快电极表面的电子转移速率。

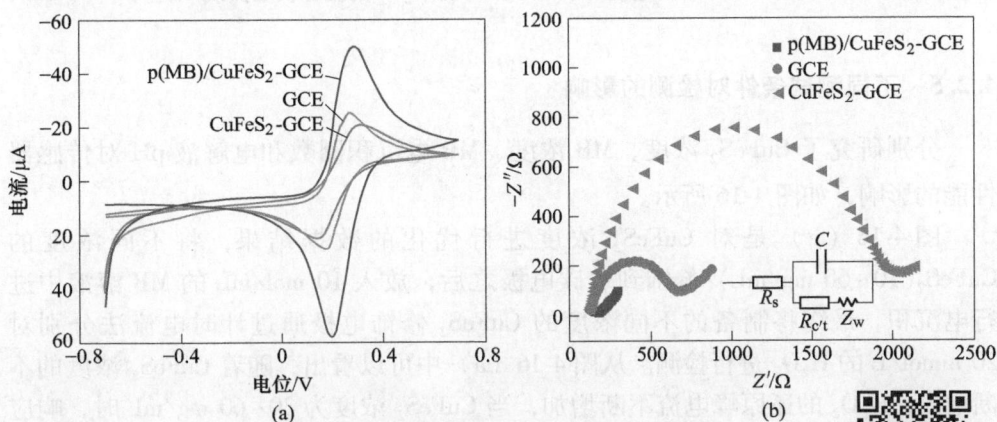

图 4-14　三种电极的循环伏安曲线和 EIS 图谱

图 4-14 彩图

为了研究 CuFeS₂ 和 MB 之间的协同效应，对所制备电极的性能进行了分析。在 N₂ 饱和的 0.1 mol/L 的磷酸盐缓冲溶液（pH=7.0）中，比较了四种不同电极在含有 20 mmol/L 的 H₂O₂ 中获得的循环伏安曲线，对比结果如图 4-15 所示。裸 GCE 对还原 20 mmol/L 的 H₂O₂ 的响应电流非常小，它本质上是一种惰性的电载体，用于评价其他三种修饰电极的电化学差异。CuFeS₂-GCE 对 H₂O₂ 的响应电流相比裸 GCE 要大。当在裸 GCE 上直接电沉积 MB 之后，发现 p(MB)-GCE 对 H₂O₂ 的响应电流比 CuFeS₂-GCE 还要大很多。而在 GCE 上面修饰

CuFeS$_2$ 之后再电沉积 MB，发现 p(MB)/CuFeS$_2$-GCE 对 H$_2$O$_2$ 的响应电流最大。因此，推测 CuFeS$_2$ 和 MB 之间的协同效应能加速电极之间的电子转移，对于提高传感器的性能具有重要意义。

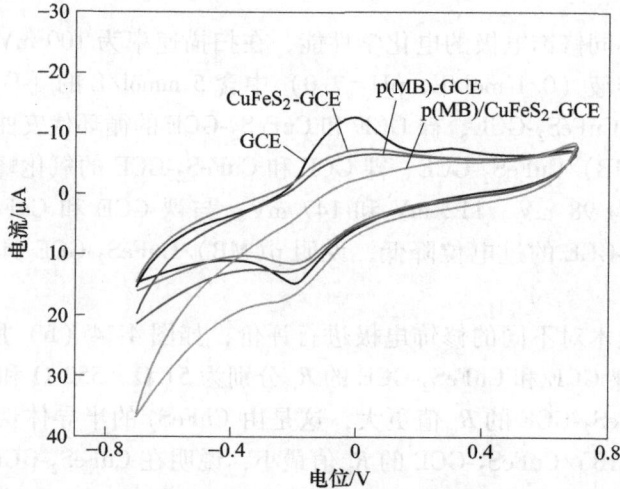

图 4-15   不同电极对 20 mmol/L 的 H$_2$O$_2$ 的循环伏安曲线

4.2.5   不同测试条件对检测的影响

分别研究了 CuFeS$_2$ 浓度、MB 浓度、MB 电沉积圈数和电解液 pH 对传感器性能的影响，如图 4-16 所示。

图 4-16（a）是对 CuFeS$_2$ 浓度进行优化的数据结果，将不同浓度的 CuFeS$_2$（10~60 mg/mL）修饰到玻碳电极之后，放入 10 mol/mL 的 MB 溶液中进行电沉积，最终将制备的不同浓度的 CuFeS$_2$ 修饰电极通过计时电流法分别对 20 mmol/L 的 H$_2$O$_2$ 进行检测。从图 4-16（a）中可以看出，随着 CuFeS$_2$ 浓度的不断增大，H$_2$O$_2$ 的还原峰电流不断增加，当 CuFeS$_2$ 浓度为 30~60 mg/mL 时，响应电流的变化幅度很小，考虑成本，选择 30 mg/mL 为本实验中 CuFeS$_2$ 的最优浓度。

图 4-16（b）显示了对沉积过程中 MB 浓度的优化处理。选择不同浓度的 MB（1 mmol/L、5 mmol/L、10 mmol/L、15 mmol/L、20 mmol/L 和 25 mmol/L），对修饰 30 mg/mL 的 CuFeS$_2$ 的 GCE 进行电沉积，并随后对 20 mmol/L 的 H$_2$O$_2$ 进行电化学检测。从图 4-16（b）中可以观察到在 1~25 mmol/L 的 MB 浓度范围内，响应电流呈现先增大后减小的趋势；在 MB 浓度为 20 mmol/L 时，响应电流达最大值，之后继续增加 MB 浓度会导致响应电流逐渐减小。这可能是因为高含量的亚甲基蓝会在修饰电极表面形成一层较厚的膜，进而阻碍传感器中的电子转移。由于 10 ~ 20 mmol/L 浓度范围内响应电流变化不大，考虑成本因素，选择

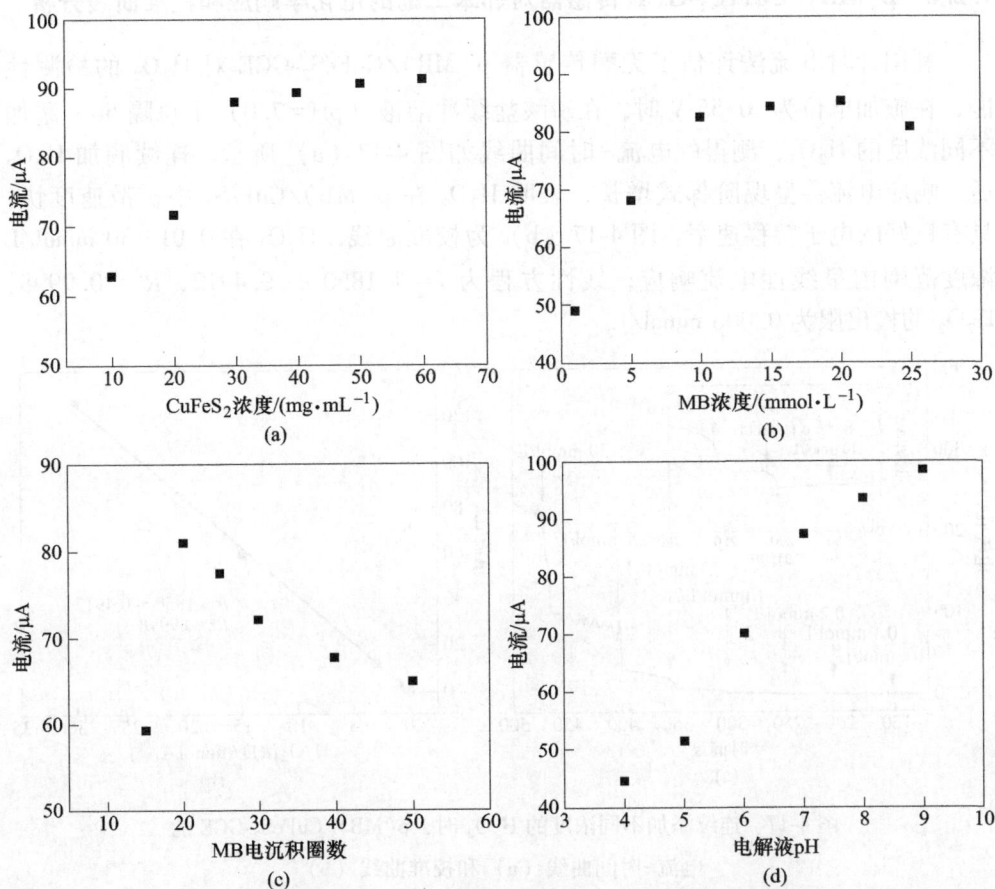

图 4-16 CuFeS$_2$ 浓度（a）、MB 浓度（b）、MB 电沉积圈数（c）和
电解液 pH（d）对响应电流的影响

10 mmol/L 为 MB 的最优浓度。

在制备 p(MB)/CuFeS$_2$-GCE 传感器过程中，改变 MB 电沉积圈数（分别设置为 15、20、25、30、40 和 50）会对其在电极表面上的修饰情况造成影响，如图 4-16（c）所示，可见随着 MB 电沉积圈数的增大，响应电流呈现先增大后减小的趋势，并且当 MB 电沉积圈数为 20 时响应电流达到最大值。因此，在后续实验中选用 MB 电沉积圈数为 20。

为找出 p(MB)/CuFeS$_2$-GCE 传感器工作的最佳 pH 条件，测试了电解液 pH 在 4.0~9.0 范围内的电流响应，如图 4-16（d）所示，在不断增加电解液 pH 时响应电流逐渐增大，并且当电解液 pH 为 9.0 时响应电流达到最大值。考虑到强碱性条件下 H$_2$O$_2$ 容易分解，又考虑到实际应用，选择 pH=7.0 的电解液进行后续实验。

4.2.6　p(MB)/CuFeS₂-GCE 传感器对邻苯二酚的电化学响应和校准曲线分析

利用计时电流法评估了无酶传感器 p(MB)/CuFeS₂-GCE 对 H_2O_2 的检测性能，在施加电位为 -0.55 V 时，在磷酸盐缓冲溶液（pH=7.0）中每隔 50 s 添加不同浓度的 H_2O_2，测得的电流-时间曲线如图 4-17（a）所示。连续滴加 H_2O_2 后，响应电流会呈现阶梯式增长，表明 H_2O_2 在 p(MB)/CuFeS₂ 中扩散速度快，具有良好的电子转移速率。图 4-17（b）为校准曲线，H_2O_2 在 0.01～30 mmol/L 浓度范围内呈线性电流响应，线性方程为 $I = 4.1850c - 0.4912$，$R^2 = 0.9998$，H_2O_2 的检出限为 0.006 mmol/L。

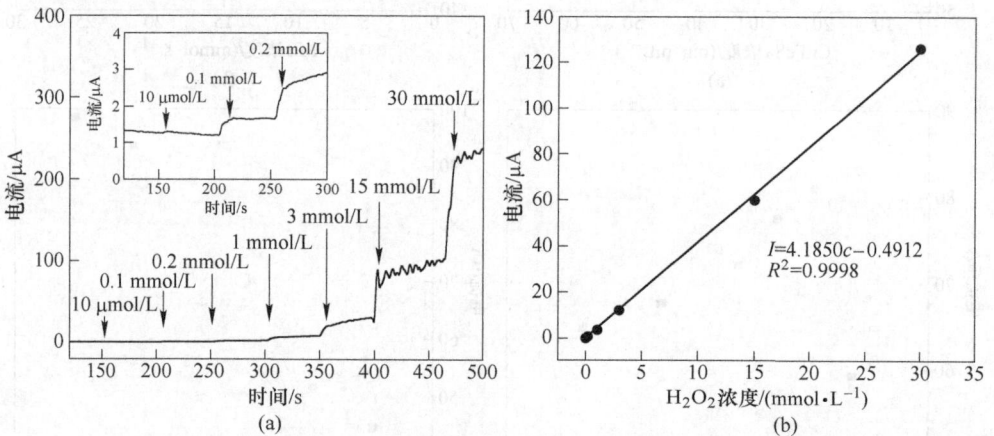

图 4-17　连续添加不同浓度的 H_2O_2 时，p(MB)/CuFeS₂-GCE 的
电流-时间曲线（a）和校准曲线（b）

图 4-18 是每隔 50 s 滴加一次 3 mmol/L 的 H_2O_2 时得到的电流-时间曲线，插图为 H_2O_2 浓度与还原峰电流的线性关系，从图中可以看出 p(MB)/CuFeS₂-GCE 传感器具有较好的操作稳定性，说明 CuFeS₂-GCE 经过 MB 电沉积之后提高了稳定性，CuFeS₂ 可以稳定地固定在电极表面不脱落，经过 10 次连续测试后依旧维持相对稳定的状态 ［相对标准偏差（RSD）为 6.46%］。

重复性是衡量传感器性能的重要标准。选取 6 个相同的玻碳电极，用相同的方法制备出 6 个 p(MB)/CuFeS₂-GCE 修饰电极，并以 10 mmol/L 的 H_2O_2 作为检测物进行重复性测试，实验结果如图 4-19 所示。通过计算，这 6 个修饰电极的相对标准偏差（RSD）为 5.28 %，证明本书所设计的 p(MB)/CuFeS₂-GCE 无酶传感器具有很好的重复性。

为了评价 p(MB)/CuFeS₂-GCE 传感器的选择性，在含有 5 mmol /L 的 H_2O_2 的磷酸盐缓冲溶液（pH=7.0）中加入了一些可能干扰物质，包括 10 倍的 Na^+、

K^+、Mg^{2+}、葡萄糖、果糖、尿素和邻苯二酚。实验结果表明，这些可能干扰物质对 H_2O_2 的检测并无明显影响，并且相对误差小于 10%，说明所设计的 p(MB)/CuFeS$_2$-GCE 传感器对 H_2O_2 的检测具有较强的抗干扰能力和高选择性。

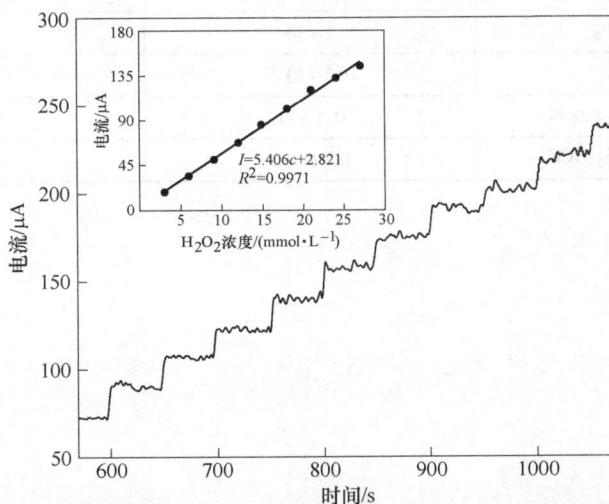

图 4-18 连续添加 3 mmol/L 的 H_2O_2 时，p(MB)/CuFeS$_2$-GCE 的电流-时间曲线

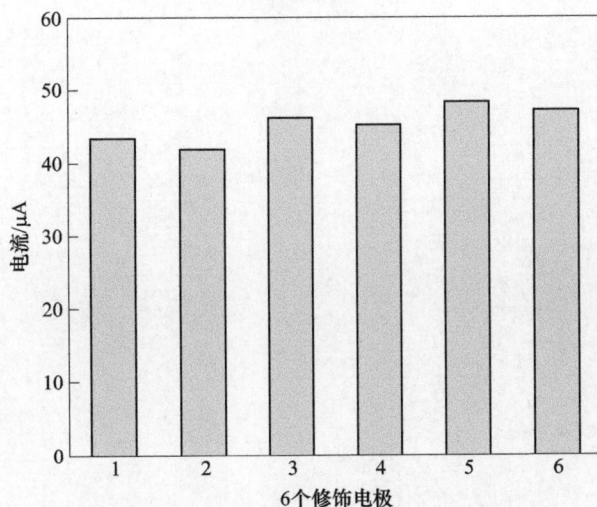

图 4-19 p(MB)/CuFeS$_2$-GCE 的重复性测试结果

表 4-3 对比了几种文献报道的 H_2O_2 无酶传感器与本书所制备的 p(MB)/CuFeS$_2$-GCE 传感器的检测性能。p(MB)/CuFeS$_2$-GCE 相比于其他 H_2O_2 无酶传感器，在检测的线性范围和检出限方面都具有很大优势。

表 4-3　不同的 H_2O_2 无酶传感器检测性能对比

H_2O_2 无酶传感器	线性范围/(mmol · L^{-1})	检出限/(mmol · L^{-1})
NiO/α-Fe$_2$O$_3$	0.5~3	0.05
Co@ PtNPs	1~30	0.3
FeS(F$_4$)	0.5~20.5	0.15
GO-Ag 纳米复合材料	0.1~11	0.028
p(MB)/CuFeS$_2$-GCE	0.01~30	0.006

5　总结及展望

5.1　总　　结

本书内容简单总结如下：

（1）采用逐层物理吸附的方法构建了黄铁矿基酶生物电化学传感器，CS 用作"双面胶"在 PR 改性表面稳定 GOD。该传感器可对葡萄糖进行检测。本书相关研究中，在 pH 为 5.5 的磷酸盐缓冲溶液中制备的 PR 悬浮液首先被固定在具有负电荷的 GCE 表面，然后利用静电力将带正电荷的 CS 吸附在 PR/GCE 上，最后在 CS/PR/GCE 表面通过静电力进一步修饰带负电荷的 GOD。通过扫描电子显微镜、石英晶体微天平和原子力显微镜对其表面形貌和吸附机理进行了分析。逐层物理吸附法使 GOD 在 CS 和 PR 修饰电极表面具有较强的黏附能力和良好的生物电催化活性。GOD/CS/PR/GCE 生物传感器对葡萄糖检测的线性范围为 $0.5 \sim 60$ mmol/L，检出限（LOD）为 50 μmol/L（$S/N = 3$），GOD/CS/PR/GCE 还具有良好的重复性和稳定性。

（2）以天然黄铁矿（PR）和银纳米粒子（Ag）为原料，采用熔盐法在 450 ℃下合成了导电熔盐 PR/Ag，将 PR/Ag 修饰在 GCE 上制备的无酶传感器 PR/Ag-GCE 对 H_2O_2 表现出良好的电催化效果。熔盐合成复合物 PR/Ag 具有比天然黄铁矿更高的电导率。PR/Ag-GCE 无酶传感器对 H_2O_2 检测的线性范围为 $0.1 \sim 30$ mmol/L，检出限（LOD）为 0.02 mmol/L，灵敏度为 603.54 μA · mmol^{-1} · L · cm^{-2}。此外，PR/Ag-GCE 传感器对 H_2O_2 具有良好的选择性，对尿酸、葡萄糖、果糖、K^+、Mg^{2+}、Na^+ 表现出了良好的抗干扰能力。熔盐合成法在制备硫化物矿物基复合材料方面具有很大的潜力。

（3）以辉钼矿为基体，掺杂高导电性的炭黑，采用简单快速的滴涂方法制备了一种新型、简单、灵敏度较高的无酶电化学传感器，成功地实现了 UA、DA 和 AA 的同时检测。采用扫描电镜、X 射线衍射等手段对制备的传感器进行了形貌和结构表征，利用电化学分析方法对该传感器的灵敏度、检出限、操作稳定性、重复性等指标进行了考察，实验结果表明，该传感器对 UA、DA 和 AA 具备优异的电催化分离和检测能力。所制备的电化学传感器灵敏度高、选择性好、稳定性强，并具有较宽的线性测试范围和较低的检出限，可用于同时检测 UA、DA

和 AA，且互不干扰。对于实际人体尿液样品中的尿酸和饮料样品中的抗坏血酸，该传感器也可以进行检测，并且和实际样品中尿酸和抗坏血酸的含量吻合得较好。MLN-CB/GCE 传感器具有优良的性能且其性能不受环境影响，在电化学传感器、生物电子装置等方面具有非常好的应用前景。

（4）采用化学偶联法将 MLN、GA 和 TYR 修饰在玻碳电极表面构置了 TYR/GA/MLN/GCE 生物传感器，用于测定 CC 浓度。采用 SEM 和 EIS 对 TYR/GA/MLN/GCE 进行了表征，利用循环伏安法、计时电流法对邻苯二酚进行了电化学测定。该生物传感器对邻苯二酚的氧化还原过程产生了良好的电催化作用，峰电流与 CC 浓度（$0.5 \sim 50 \, \mu mol/L$ 范围内）呈良好的线性关系，检出限为 $0.33 \, \mu mol/L$。所设计的该电化学生物传感器具备优异的稳定性、重复性以及选择性，并具有较宽的线性检测范围和较低的检出限。

（5）通过简单的物理混合方法，成功构建了一种新型 $CuFeS_2$-CB/GCE 无酶电化学传感器。制备的 $CuFeS_2$-CB/GCE 传感器对 H_2O_2 表现出明显的电催化活性，CB 和 $CuFeS_2$ 的协同作用可以提高电子转移速率，加速电化学催化反应。循环伏安法和计时电流法测得的 H_2O_2 浓度线性范围分别为 $2.5 \sim 60 \, mmol/L$（$R^2 = 0.9903$）和 $0.1 \sim 100 \, mmol/L$（$R^2 = 0.9999$），检出限分别为 $1.0 \, mmol/L$ 和 $0.04 \, mmol/L$。该传感器具有成本低、制备方便、线性范围宽、响应速度快、选择性高、稳定性好、实用性强等优点。

（6）通过将 MB 电沉积在 $CuFeS_2$ 修饰的 GCE 上制备了无酶传感器 p(MB)/$CuFeS_2$-GCE。所制备的 p(MB)/$CuFeS_2$-GCE 传感器对 H_2O_2 显示出较好的电催化特性。还原峰电流与 $0.01 \sim 30 \, mmol/L$ 区间内的 H_2O_2 浓度显示出良好的线性关系，检出限达到 $0.006 \, mmol/L$。与文献报道的其他 H_2O_2 无酶传感器相比，所设计的该传感器不仅拥有较宽的线性检测范围和较低的检出限，还具有操作简便、选择性好、重复性好等优点。

5.2 展　望

电化学传感器是一种灵敏度高、选择性好和响应快速的分析工具，在生物医学、环境监测、食品安全等多个领域都展现出了巨大的应用潜力。然而，目前的电化学传感器在实际应用中仍旧面临很大的挑战。随着纳米技术、微流控技术、生物识别技术和人工智能等领域的快速发展，电化学传感器未来的发展充满无限可能。

（1）纳米材料的集成与应用。传感器修饰材料是影响传感器性能的重要因素，纳米材料如碳纳米管、石墨烯、金属纳米粒子、仿生材料和量子点等，因具有独特的物理和化学性质，如高比表面积、良好的导电性和生物相容性，可以更广泛地集成到电化学传感器中，以提高传感器的灵敏度、稳定性和选择性，拓展电化学传感器在实际中的应用。

（2）微流控技术的融合。随着科技的不断发展，可以将微流控技术与电化学传感器相结合，从而实现样品的自动处理、试剂的微量化以及检测过程的连续化，进而提高检测效率、降低试剂消耗和减少样本量。

（3）人工智能与大数据分析。人工智能算法如机器学习和深度学习，能够对电化学传感器产生的大量数据进行快速分析和模式识别，从而提高检测的准确性。结合大数据分析，可以实现对复杂体系的实时监测和智能决策。

（4）可穿戴与植入式传感器。随着柔性电子和生物相容性材料的发展，电化学传感器将趋向于小型化、柔性化，甚至可以植入体内，用于连续监测血糖、血压和心率等生理参数，为个性化医疗和健康管理提供支持。

（5）生物识别技术的融合。利用抗体、核酸适配体、酶和细胞等生物识别元件，可以提高电化学传感器对特定分析物的选择性识别能力，实现对生物分子的高灵敏度检测，如疾病标志物、环境污染物和药物残留等。

（6）无线通信与物联网技术。通过集成无线通信模块，电化学传感器可以实时传输数据到云端，实现远程监测和控制。结合物联网技术，可以构建大规模的传感器网络，用于环境监测、工业安全等领域。

（7）多功能与多参数传感器。未来的电化学传感器将不仅限于单一分析物的检测，而是能够同时监测多种物质；得到多个参数，提供更全面的信息。这将通过集成多种识别元件和优化信号处理技术来实现。

总之，电化学传感器的未来发展将更加注重集成化、智能化、便携化和多功能化，以满足日益增长的精准、实时和无创检测需求。随着跨学科技术的不断融合与创新，电化学传感器将在促进人类健康、环境保护和工业升级等方面发挥更加重要的作用。

参 考 文 献

[1] MA T T, WANG Y, HOU Y, et al. An amperometric glucose biosensor based on electrostatic force induced layer-by-layer GOD/chitosan/pyrite on a glassy carbon electrode [J]. Analytical Sciences, 2022, 3 (38): 553-562.

[2] MA T T, WANG Y, HASEBE Y, et al. Carbon black doped molybdenite based electrochemical sensor for simultaneous determination of uric acid, dopamine, and ascorbic acid [J]. Chemistry Select, 2023, 8 (18).

[3] MA T T, WANG Y, GU Y X, et al. A carbon black-doped chalcopyrite-based electrochemical sensor for determination of hydrogen peroxide [J]. Ionics, 2024, 30 (9): 5651-5661.

[4] 莫修平, 马婷婷, 马芳源, 等. 基于亚甲基蓝电沉积法制备黄铜矿基过氧化氢传感器及其性能研究 [J/OL]. 矿产综合利用, [2025-01-08].

[5] 尹昱菲, 马婷婷, 吴鑫予, 等. 辉钼矿基邻苯二酚传感器制备及性能研究 [J]. 辽宁科技大学学报, 2023, 46 (4): 279-286.

[6] ZHAO J F, WANG Y, WANG T, et al. Molten-salt-composite of pyrite and silver nanoparticle as electrocatalyst for hydrogen peroxide sensing [J]. Analytical Sciences, 2021, 37 (11): 1589-1595.

[7] PATEL N G, ERLENKÖTTER A, CAMMANN K, et al. Fabrication and characterization of disposable type lactate oxidase sensors for dairy products and clinical analysis [J]. Sensors and Actuators B: Chemical, 2000, 67 (1): 134-141.

[8] TAJIK S, BEITOLLAHI H, NEJAD F G, et al. Recent advances in electrochemical sensors and biosensors for detecting bisphenol A [J]. Sensors, 2020, 20 (12): 3364-3371.

[9] EL RHAZI M, MAJID S. Electrochemical sensors based on polydiaminonaphthalene and polyphenylenediamine for monitoring metal pollutants [J]. Trends in Environmental Analytical Chemistry, 2014, 2: 33-42.

[10] CHO I H, LEE J, KIM J, et al. Current technologies of electrochemical immunosensors: Perspective on signal amplification [J]. Sensors, 2018, 18 (2): 207-462.

[11] ZHANG C, SONG H, GUO W, et al. Multi-index detection electrochemical biosensor based on graphene aerogel/platinum nanoparticle hybrid materials [J]. Journal of Bionanoscience, 2016, 10 (6): 495-500.

[12] SHU Y, ZHANG L, CAI H, et al. Hierarchical $Mo_2C@MoS_2$ nanorods as electrochemical sensors for highly sensitive detection of hydrogen peroxide and cancer cells [J]. Sensors and Actuators B: Chemical, 2020, 311: 127863.

[13] WANG G, MORRIN A, LI M, et al. Nanomaterial-doped conducting polymers for electrochemical sensors and biosensors [J]. Journal of Materials Chemistry B, 2018, 6 (25): 4173-4190.

[14] WANG N, ZHAO W, SHEN Z, et al. Sensitive and selective detection of Pb(II) and Cu(II) using a metal-organic framework/polypyrrole nanocomposite functionalized electrode [J]. Sensors and Actuators B: Chemical, 2020, 304: 127286.

［15］ ZHU C, YANG G, LI H, et al. Electrochemical sensors and biosensors based on nanomaterials and nanostructures ［J］. Analytical Chemistry, 2015, 87（1）: 230-249.

［16］ DING Y, ZHANG L, CUI Y, et al. Application of electrochemical sensor in the detection of antioxidant in vegetable oil ［J］. Journal of Chinese Institute of Food Science and Technology, 2018, 18（10）: 302-307.

［17］ AL-ROWAILI F N, JAMAL A, BA SHAMMAKH M S, et al. A review on recent advances for electrochemical reduction of carbon dioxide to methanol using metal organic framework（MOF）and non-MOF catalysts: Challenges and future prospects ［J］. ACS Sustainable Chemistry & Engineering, 2018, 6（12）: 15895-15914.

［18］ ABI A, MOHAMMADPOUR Z, ZUO X L, et al. Nucleic acid-based electrochemical nanobiosensors ［J］. Biosensors & Bioelectronics, 2017, 102: 479-489.

［19］ WANG Y, HERRON N. Nanometer-sized semiconductor clusters: Materials synthesis, quantum size effects and photophysical properties ［J］. The Journal of Physical Chemistry, 1991, 95（2）: 525-532.

［20］ NGUYEN H H, SUN H L, LEE U J, et al. Immobilized enzymes in biosensor applications ［J］. Materials, 2019, 12（1）: 121.

［21］ 曹强, 肖雨诗, 孟庆一, 等. 酶基生物传感器在快速检测中的研究进展 ［J］. 食品安全质量检测学报, 2019, 10（20）: 6902-6908.

［22］ ADEEL M, RAHMAN M M, CALIGIURI I, et al. Recent advances of electrochemical and optical enzyme-free glucose sensors operating at physiological conditions ［J］. Biosensors & Bioelectronics, 2020, 165: 112331.

［23］ CHEN L Y, LANG X Y, FUJITA T, et al. Nanoporous gold for enzyme-free electrochemical glucose sensors ［J］. Scripta Materialia, 2011, 65（1）: 17-20.

［24］ DUTTA G, NAGARAJAN S, LAPIDUS L J, et al. Enzyme-free electrochemical immunosensor based on methylene blue and the electro-oxidation of hydrazine on Pt nanoparticles ［J］. Biosensors & Bioelectronics, 2017, 92: 372-377.

［25］ WANG M, LIU F, CHEN D D. An electrochemical enzyme-free glucose sensor based on bimetallic PtNi materials ［J］. Journal of Materials Science: Materials in Electronics, 2021, 32: 23445-23456.

［26］ 曾婷, 胡成国, 胡胜水. 纸基葡萄糖电化学生物传感器的研究及应用 ［J］. 分析科学学报, 2014, 30（5）: 657-661.

［27］ SAMPHAO A, BUTMEE P, JITCHAROEN J, et al. Flow-injection amperometric determination of glucose using a biosensor based on immo-bilization of glucose oxidase onto Au seeds decorated on core Fe_3O_4 nanoparticles ［J］. Talanta, 2015, 142: 35-42.

［28］ 郭国才, 徐丽娟, 王印印. 电解液温度对化学镀银的影响 ［J］. 电镀与环保, 2013, 33（4）: 19-21.

［29］ 冯东, 李秋顺, 刘凤, 等. 葡萄糖的测定方法与应用研究进展 ［J］. 传感器与微系统, 2015, 34（12）: 5-8.

［30］ TIWARI J N, VIJ V, KEMP K C, et al. Engineered carbon-nanomaterial-based electrochemical sensors for biomolecules [J]. Acs Nano, 2015, 10 (1): 46-80.

[31] ZHANG W, ZHU S, LUQUE R, et al. Recent development of carbon electrode materials and their bioanalytical and environmental applications [J]. Chemical Society Reviews, 2016, 45: 715.

[32] CHEN X M, WU G H, CAI Z X, et al. Advances in enzyme-free electrochemical sensors for hydrogen peroxide, glucose, and uric aci [J]. Microchimica Acta, 2014, 181 (7/8): 689-705.

[33] 杨磊. 酚类污染物生物降解特性的研究 [D]. 南京: 南京理工大学, 2006.

[34] 赵晗, 艾仕云, 丁葵英, 等. 酚类污染物的危害及其检测技术研究进展 [J]. 检验检疫学刊, 2015, 25 (6): 66-68.

[35] SOHRABNEZHAD S, POURAHMAD A, SALAVATIYAN T. CuO-MMT nanocomposite: Effective photocatalyst for the discoloration of methylene blue in the absence of H_2O_2 [J]. Applied Physics A, 2016, 122 (2): 1-12.

[36] SENTHAMIZHAN A, BALUSAMY B, AYTAC Z, et al. Ultrasensitive electrospun fluorescent nanofibrous membrane for rapid visual colorimetric detection of H_2O_2 [J]. Analytical & Bioanalytical Chemistry, 2016, 408 (5): 1347-1355.

[37] TAN F X, CHEN H H, WU D J, et al. Optimization of removal of 2-methylisoborneol from drinking water using UV/H_2O_2 [J]. Journal of Advanced Oxidation Technologies, 2016, 19 (1): 98-104.

[38] 孙佳. 食品中过氧化氢的检测方法研究 [D]. 长春: 吉林农业大学, 2014.

[39] 李亮, 庹鑫, 李思博, 等. 无酶过氧化氢电化学传感器材料的研究进展 [J]. 武汉工程大学学报, 2016, 38 (4): 343-349.

[40] WANG Y, HASEBE Y. Carbon felt-based bioelectrocatalytic flow-through detectors: Highly sensitiveamperometric determination of H_2O_2 based on a direct electrochemistry of covalently modified horseradish peroxidase using cyanuric chloride as a linking agent [J]. Sensors and Actuators B: Chemical, 2011, 155 (2): 722-729.

[41] WANG Y, HASEBE Y. Carbon felt-based bioelectrocatalytic flow-through detectors: 2, 6-dichlorophenol indophenol and peroxidase coadsorbed carbon-felt for flow-amperometric determination of hydrogen peroxide [J]. Materials, 2014, 7 (2): 1142-1154.

[42] HUANG J M, ZHENG J B, SHENG Q L. Direct electrochemistry of myoglobin based on electrodeposition of Pd nanoparticles with carbon ionic liquid electrode as basic electrode [J]. Microchimica Acta, 2011, 173 (1/2): 157-163.

[43] XU J, LIU C H, WU Z F. Direct electrochemistry and enhanced electrocatalytic activity of hemoglobin entrapped in graphene and ZnO nanosphere composite film [J]. Microchimica Acta, 2011, 172 (3/4): 425-430.

[44] ZHANG L. Direct electrochemistry of cytochrome c at ordered macroporous active carbon electrode [J]. Biosensors & Bioelectronics, 2008, 23 (11): 1610-1615.

[45] HART J P, ABASS A K, COWELL D. Development of disposable amperometric sulfur dioxide biosensors based on screen printed electrodes [J]. Biosensors & Bioelectronics, 2002,

17 (5)：389-394.

［46］丁少恒. 生物检测技术在食品检测中的应用分析［J］. 现代食品，2019（18）：132-135.

［47］李羽. 生物传感器在食品安全检测中的应用和发展［J］. 现代食品，2019（6）：26-28.

［48］胥清翠，范丽霞，梁京芸，等. 生物传感器在农产品质量安全检测中的应用与展望［J］. 农产品质量与安全，2018（6）：74-78.

［49］CHO N H, SHAW J E, KARURANGA S, et al. IDF diabetes atlas：Global estimates of diabetes prevalence for 2017 and projections for 2045［J］. Diabetes Research and Clinical Practice, 2018, 138：271-281.

［50］CHANDRASEKARAN N I, MANICKAM M. A sensitive and selective non-enzymatic glucose sensor with hollow Ni-Al-Mn layered triple hydroxide nanocomposites modified Ni foam［J］. Sensors and Actuators B：Chemical, 2019, 288：188-194.

［51］BAHADIR E B, SEZGINTURK M K. Applications of commercial biosensors in clinical, food, environmental, and biothreat/biowarfare analyses［J］. Analytical Biochemistry, 2015, 478：107-120.

［52］YUAN X H, WANG J H, XIA K, et al. Highly ordered platinum-nanotubule arrays foramperometric glucose sensing［J］. Advanced Functional Materials, 2005, 15：803-809.

［53］NEZHAD M R H, KHODAVEISI J T. Sensitive spectrophotometric detection of dopamine, levodopa and adrenaline using surface plasmon resonance band of silver nanoparticles［J］. Journal of the Iranian Chemical Society, 2010, 7：S83-S91.

［54］LI L, CAI X, DING Y, et al. Synthesis of Mn-doped CdTe quantum dots and their application as a fluorescence probe for ascorbic acid determination［J］. Analytical Methods, 2013, 5：6748-6754.

［55］KLASSEN N V, MARCHINGTON D, MCGOWAN H. H_2O_2 determination by the I_3^- method and by $KMnO_4$ titration［J］. Analytical Chemistry, 1994, 66（18）：2921-2925.

［56］LI N, GUO J, LIU B, et al. Determination of monoamine neurotransmitters and their metabolites in a mouse brain microdialysate by coupling high-performance liquid chromatography with gold nanoparticle-initiated chemiluminescence［J］. Analytica Chimica Acta, 2009, 645（1/2）：48-55.

［57］RAGUPATHY D, GOPALAN A, LEE K P. Layer-by-layer electrochemical assembly of poly（diphenylamine）/phosphotungstic acid as ascorbic acid sensor［J］. Microchimica Acta, 2009, 166：303-310.

［58］DEY R S, RAJ C R. Development of an amperometric cholesterol biosensor based on graphene-Pt nanoparticle hybrid material［J］. Journal of Physical Chemistry C, 2010, 114（49）：21427-21433.

［59］CHOI B G, PARK H, PARK T J, et al. Solution chemistry of self-assembled graphene nanohybrids for high-performance flexible biosensors［J］. ACS Nano, 2010, 4（5）：2910-2918.

［60］SHAN C, YANG H, SONG J, et al. Direct electrochemistry of glucose oxidase and biosensing for glucose based on graphene［J］. Analytical Chemistry, 2009, 81（6）：2378-2382.

［61］ DOROFTEI F, PINTEALA T, ARVINTE A, et al. Enhanced stability of a prussian blue/sol-gel composite for electrochemical determination of hydrogen peroxide ［J］. Microchimica Acta, 2014, 181 (1/2): 111-120.

［62］ JOSHI V S, KRETH J, KOLEY D. Pt-decorated MWCNTs-ionic liquid composite-based hydrogen peroxide sensor to study microbial metabolism using scanning electrochemical microscopy ［J］. Analytical Chemistry, 2017, 89 (14): 7709-7718.

［63］ ROHAIZAD N, MAYORGA-MARTINEZ C C, SOFER Z, et al. 1T-phase transition metal dichalcogenides (MoS$_2$, MoSe$_2$, WS$_2$, and WSe$_2$) with fast heterogeneous electron transfer: Application on second-generation enzyme-based biosensor ［J］. ACS Applied Materials & Interfaces, 2017, 9: 40697-40706.

［64］ CAO X. Ultra-sensitive electrochemical DNA biosensor based on signal amplification using gold nanoparticles modified with molybdenum disulfide, graphene and horseradish peroxidase ［J］. Microchimica Acta, 2014, 181: 1133-1141.

［65］ HUANG H, ZHANG J, CHENG M, et al. Amperometric sensing of hydroquinone using a glassy carbon electrode modified with a composite consisting of graphene and molybdenum disulfide ［J］. Microchimica Acta, 2017, 184: 4803-4808.

［66］ ALTUNTA D B, KURALAY F. MoS$_2$/Chitosan/GOx-Gelatin modified graphite surface: Preparation, characterization and its use for glucose determination ［J］. Materials Science and Engineering: B, 2021, 270: 115215.

［67］ PENG H, HUANG Z, ZHENG Y, et al. A novel nanocomposite matrix based on graphene oxide and ferrocene-branched organically modified sol-gel/chitosan for biosensor application ［J］. Journal of Solid State Electrochemistry, 2014, 18 (7): 1941-1949.

［68］ LIN M J, WU C C, CHANG K S. Effect of poly-L-lysine polycation on the glucose oxidase/ferricyanide composite-based second-generation blood glucose sensors ［J］. Sensors, 2019, 19 (6): 1448.

［69］ JIANG X, WU Y, MAO X, et al. Amperometric glucose biosensor based on integration of glucose oxidase with platinum nanoparticles/ordered mesoporous carbon nanocomposite ［J］. Sensors and Actuators B: Chemical, 2011, 153 (1): 158-163.

［70］ SENEL M, NERGIZ C, CEVIK E. Novel reagentless glucose biosensor based on ferrocene cored asymmetric PAMAM dendrimers ［J］. Sensors and Actuators B: Chemical, 2013, 176: 299-306.

［71］ LAWRENCE C, TAN S N, FLORESCA C Z. A "green" cellulose paper based glucose amperometric biosensor ［J］. Sensors and Actuators B: Chemical, 2014, 193 (31): 536-541.

［72］ PARLAK O, İNCEL A, UZUN L, et al. Structuring Au nanoparticles on two-dimensional MoS$_2$ nanosheets for electrochemical glucose biosensors ［J］. Biosensors & Bioelectronics, 2017, 89: 545-550.

［73］ PALMER M, MASIKINI M, JIANG L W, et al. Enhanced electrochemical glucose sensing performance of CuO : NiO mixed oxides thin film by plasma assisted nitrogen doping ［J］.

Journal of Alloys and Compounds, 2021, 853 (1): 156900.

[74] YUE W, HASEBE Y. Uricase-adsorbed carbon-felt reactor coupled with a peroxidase-modified carbon-felt-based H_2O_2 detector for highly sensitive amperometric flow determination of uric acid [J]. Journal of Pharmaceutical and Biomedical Analysis, 2012, 57: 125-132.

[75] GAO S H, LI H J, LI M J, et al. A gold-nanoparticle/horizontal-graphene electrode for the simultaneous detection of ascorbic acid, dopamine, uric acid, guanine, and adenine [J]. Journal of Solid State Electrochemistry, 2018, 22 (10): 3245-3254.

[76] YANG L, HUANG N, LU Q, et al. A quadruplet electrochemical platform for ultrasensitive and simultaneous detection of ascorbic acid, dopamine, uric acid and acetaminophen based on a ferrocene derivative functional Au NPs/carbon dots nanocomposite and graphene [J]. Analytica Chimica Acta, 2016, 903: 69-80.

[77] WU W C, CHANG H W, TSAI Y C. Electrocatalytic detection of dopamine in the presence of ascorbic acid and uric acid at silicon carbide coated electrodes [J]. Chemical Communications, 2011, 47 (22): 6458-6460.

[78] PALOMÄKI T, CHUMILLAS S, SAINIO S, et al. Electrochemical reactions of catechol, methylcatechol and dopamine at tetrahedral amorphous carbon (ta-C) thin film electrodes [J]. Diamond and Related Materials, 2015, 59: 30-39.

[79] CHUMILLAS S, FIGUEIREDO M C, CLIMENT V, et al. Study of dopamine reactivity on platinum single crystal electrode surfaces [J]. Electrochimica Acta, 2013, 109: 577-586.

[80] REN W, LUO H Q, LI N B. Simultaneous voltammetric measurement of ascorbic acid, epinephrine and uric acid at a glassy carbon electrode modified with caffeic acid [J]. Biosensors & Bioelectronics, 2006, 21 (7): 1086-1092.

[81] WU F, HUANG T, HU Y, et al. Differential pulse voltametric simultaneous determination of ascorbic acid, dopamine and uric acid on a glassy carbon electrode modified with electroreduced graphene oxide and imidazolium groups [J]. Microchimica Acta, 2016, 183: 2539-2546.

[82] LIU X, WEI S, CHEN S. Graphene-multiwall carbon nanotube-gold nanocluster composites modified electrode for the simultaneous determination of ascorbic acid, dopamine, and uric acid [J]. Applied Biochemistry and Biotechnology, 2014, 173 (7): 1717-1726.

[83] ATTA N F, ELKADY M F, GALAL A. Simultaneous determination of catecholamines, uric acid and ascorbic acid at physiological levels using poly (N-methylpyrrole)/Pd-nanoclusters sensor [J]. Analytical Biochemistry, 2010, 400 (1): 78-88.

[84] LI Y, LIN H C, PENG H, et al. A glassy carbon electrode modified with MoS_2 nanosheets and poly(3,4-ethylenedioxythiophene) for simultaneous electrochemical detection of ascorbicacid, dopamine and uric acid [J]. Microchimica Acta, 2016, 183: 2517-2523.

[85] ZHAO Z, ZHANG M, CHEN X, et al. Electrochemical co-reduction synthesis of AuPt bimetallic nanoparticles-graphene nanocomposites for selective detection of dopamine in the presence of ascorbic acid and uric acid [J]. Sensors (Basel), 2015, 15 (7): 16614-16631.

[86] ZHANG X, YU S, HE W, et al. Electrochemical sensor based on carbon-supported $NiCoO_2$

nanoparticles for selective detection of ascorbic acid [J]. Biosensors & Bioelectronics, 2014, 55: 446-451.

[87] ZHAO D, YU G, TIAN K, et al. A highly sensitive and stable electrochemical sensor for simultaneous detection towards ascorbic acid, dopamine, and uric acid based on the hierarchical nanoporous PtTi alloy [J]. Biosensors & Bioelectronics, 2016, 82: 119-126.

[88] BLOCK W D, GEIB N C. An enzymatic method for the determination of uric acid in whole blood [J]. Journal of Biological Chemistry, 1947, 168 (2): 747.

[89] WEI Z, ZHU S, LUQUE R, et al. Recent development of carbon electrode materials and their bioanalytical and environmental applications [J]. Chemical Society Reviews, 2016, 45: 715.

[90] EUGENE S, WAGNER. High-performance liquid chromatographic determination of ascorbic acid in urine: Effect on urinary excretion profiles after oral and intravenous administration of vitamin C [J]. Journal of Chromatography B: Biomedical Sciences and Applications, 1979, 163 (2): 225-229.

[91] KHAN A, KHAN M I, IQBAL Z, et al. A new HPLC method for the simultaneous determination of ascorbic acid and aminothiols in human plasma and erythrocytes using electrochemical detection [J]. Talanta, 2011, 84 (3): 789-801.

[92] ZENG W, MARTINUZZI F, MACGREGOR A. Development and application of a novel UV method for the analysis of ascorbic acid [J]. Journal of Pharmaceutical and Biomedical Analysis, 2005, 36 (5): 1107-1111.

[93] TALEB M, IVANOV R, BEREZNEV S, et al. Ultra-sensitive voltammetric simultaneous determination of dopamine, uric acid and ascorbic acid based on a graphene-coated alumina electrode [J]. Microchimica Acta, 2017, 184: 4603-4610.

[94] LAURILA T, SAINIO S, CARO M A. Hybrid carbon based nanomaterials for electrochemical detection of biomolecules [J]. Progress in Materials Science, 2017, 88: 499-594.

[95] ZHENG X, ZHOU X, JI X, et al. Simultaneous determination of ascorbic acid, dopamine and uricacid using poly (4-aminobutyric acid) modified glassy carbon electrode [J]. Sensors and Actuators B: Chemical, 2013, 178: 359-365.

[96] ZHENG Y J, HUANG Z J, ZHAO C F, et al. A Gold electrode with a flower-like gold nanostructure for simultaneous determination of dopamine and ascorbic acid [J]. Microchimica Acta, 2013, 180: 537-544.

[97] FENNELL J F, LIU S F, AZZARELLI J M, et al. Nanowire chemical/biological sensors: Status and a roadmap for the future [J]. Angewandte Chemie International Edition, 2016, 55 (4): 1266-1281.

[98] ZHANG X, ZHANG Y C, MA L X, et al. One-pot facile fabrication of graphene-zinc oxide composite and its enhanced sensitivity for simultaneous electrochemical detection of ascorbic acid, dopamine and uric acid [J]. Sensors and Actuators B: Chemical, 2016, 227: 488-496.

[99] TEO P S, ALAGARSAMY P, HUANG N M, et al. Simultaneous electrochemical detection of dopamine and ascorbic acid using an iron oxide/reduced graphene oxide modified glassy carbon

electrode [J]. Sensors, 2014, 14: 15227-15243.

[100] SUN H, JIE C, ZUO X, et al. Gold nanoparticle-decorated MoS_2 nanosheets for simultaneous detection of ascorbic acid, dopamine and uric acid [J]. RSC Advances, 2014, 4 (52): 27625.

[101] MEI L P, FENG J J, WU L, et al. A glassy carbon electrode modified with porous Cu_2O nanospheres on reduced graphene oxide support for simultaneous sensing of uric acid and dopamine with high selectivity over ascorbic acid [J]. Microchimica Acta, 2016, 183: 2039-2046.

[102] WANG Y, TIAN Y, HASEBE Y, et al. Carbon black-carbon nanotube co-doped polyimide sensors for simultaneous determination of ascorbic acid, uric acid, and dopamine [J]. Materials, 2018, 11 (9): 1691.

[103] YUE H Y, HUANG S, CHANG J, et al. ZnO nanowire arrays on 3D hierachical graphene foam: Biomarker detection of parkinson's disease [J]. ACS Nano, 2014, 8 (2): 1639-1646.

[104] RAMAKRISHNAN S, PRADEEP K R, RAGHUL A, et al. One-step synthesis of Pt-decorated graphene-carbon nanotubes for the electrochemical sensing of dopamine, uric acid and ascorbic acid [J]. Analytical Methods, 2015, 7: 779-786.

[105] SUN D, ZHAO Q, TAN F, et al. Simultaneous detection of dopamine, uric acid, and ascorbic acid using SnO_2 nanoparticles/multi-walled carbon nanotubes/carbon paste electrode [J]. Analytical Methods, 2012, 4: 3283-3289.

[106] FENG X Z, SU X R, FERRANCO A, et al. Real-time electrochemical detection of uric acid, dopamine and ascorbic acid by heme directly modified carbon electrode [J]. Journal of Biomedical Nanotechnology, 2020, 16 (1): 2879.

[107] STOYTCHEVA M, ZLATEV R, GOCHEV V, et al. Amperometric biosensors precision improvement: Application to phenolic pollutants determination [J]. Electrochimica Acta, 2014, 147: 25-30.

[108] WANG X, WU M, LI H, et al. Simultaneous electrochemical determination of hydroquinone and catechol based on three-dimensional graphene/MWCNTs/MIMPF6 nanocomposite modified electrode [J]. Sensors and Actuators B: Chemical, 2014, 192 (1): 452-458.

[109] GUO Q H, HUANG J, CHEN P, et al. Simultaneous determination of catechol and hydroquinone using electrospun carbon nanofibers modified electrode [J]. Sensors and Actuators B: Chemical, 2012, 163 (1): 179.

[110] YANG X Y, FERGUS J, SIMONIAN A, et al. Modeling analysis of electrode fouling during electrolysis of phenolic compound [J]. Electrochimica Acta, 2013, 94: 259.

[111] LI Z, SUN R, NI Y, et al. A novel fluorescent probe involving a graphene quantum dot-enzyme hybrid system for the analysis of hydroquinone in the presence of toxic resorcinol and catechol [J]. Analytical Methods, 2014, 6 (18): 7420-7425.

[112] PATI S, CRUPI P, BENUCCI I, et al. HPLC-DAD-MS/MS characterization of phenolic compounds in white wine stored without added sulfite [J]. Food Research International,

2014, 66: 207-215.

[113] FAN Q, SHAN D, XUE H, et al. Amperometric phenol biosensor based on laponite clay-chitosan nanocomposite matrix [J]. Biosensors & Bioelectronics, 2007, 22 (6): 816-821.

[114] WANG B, ZHENG J, HE Y, et al. A sandwich-type phenolic biosensor based on tyrosinase embedding into single-wall carbon nanotubes and polyaniline nanocomposites [J]. Sensors and Actuators B: Chemical, 2013, 186: 417-422.

[115] MOHTAR L G, ARANDA P, MESSINA G A, et al. Amperometric biosensor based on laccase immobilized onto a nanostructured screen-printed electrode for determination of polyphenols in propolis [J]. Microchemical Journal, 2019, 144: 13-18.

[116] YIN H, ZHANG Q, ZHOU Y, et al. Electrochemical behavior of catechol, resorcinol and hydroquinone at graphene-chitosan composite film modified glassy carbon electrode and their simultaneous determination in water samples [J]. Electrochimica Acta, 2011, 56 (6): 2748-2753.

[117] RAJESH W T, KANETO K. Amperometric phenol biosensor based on covalent immobilization of tyrosinase onto an electrochemically prepared novel copolymer poly(N-3-aminopropyl pyrrole-co-pyrrole) film [J]. Sensors and Actuators B: Chemical, 2004, 102: 271-277.

[118] PÉREZ L B, MERKOÇI A. Improvement of the electrochemical detection of catechol by the use of a carbon nanotubebased biosensor [J]. Analyst, 2009, 134: 60-64.

[119] SANDEEP S, SANTHOSH A, SWAMY N, et al. A biosensor based on a graphene nanoribbon/silver nanoparticle/polyphenol oxidase composite matrix on a graphite electrode: Application in the analysis of catechol in green tea samples [J]. New Journal of Chemistry, 2018, 42 (20): 1-16.

[120] JÉSSICA R C, BACCARIN M, RAYMUNDO-PEREIRA P, et al. Electrochemical biosensor made with tyrosinase immobilized in a matrix of nanodiamonds and potato starch for detecting phenolic compounds [J]. Analytica Chimica Acta, 2018, 1034: 137-143.

[121] VICENTINI F C, GARCIA L, FIGUEIREDO-FILHO L, et al. A biosensor based on gold nanoparticles, dihexadecylphosphate, and tyrosinase for the determination of catechol in natural water [J]. Enzyme and Microbial Technology, 2016, 84: 17-23.

[122] SONG W, LI D W, LI Y T, et al. Disposable biosensor based on graphene oxide conjugated with tyrosinase assembled gold nanoparticles [J]. Biosensors & Bioelectronics, 2011, 26 (7): 3181-3186.

[123] WANG Y, LIU X L, LIU S L, et al. Multilayered chemically modified electrode based on carbon nanotubes conglutinated by polydopamine: A new strategy for the electrochemical signal enhancement for the determination of catechol [J]. Analytical Letters, 2020, 53 (7): 1061-1074.

[124] ANIL KUMAR A, KUMARA SWAMY B E, SHOBHA RANI T, et al. Voltammetric determination of catechol and hydroquinone at poly(murexide)modified glassy carbon electrode [J]. Materials Science and Engineering C, 2019, 98: 746-752.

[125] MANASA G, BHAKTA A K, MEKHALIF Z, et al. Voltammetric study and rapid

quantification of resorcinol in hair dye and biological samples using ultrasensitive maghemite/ MWCNT modified carbon paste electrode [J]. Electroanalysis, 2019, 31: 1363-1372.

[126] WANG Y, LU Z Y, LI M F, et al. Tyrosinase modified poly (thionine) electrodeposited glassy carbon electrode for amperometric determination of catechol [J]. Electrochemistry, 2017, 85 (1): 17-22.

[127] TAN Y Y, KAN J Q, LI S Q. Amperometric biosensor for catechol using electrochemical template process [J]. Sensors and Actuators B: Chemical, 2011, 152 (2): 285-291.

[128] KHEIRI F, SABZI R E, JANNATDOUST E, et al. Acetone extracted propolis as a novel membrane and its application in phenol biosensors: The case of catechol [J]. Journal of Solid State Electrochemistry, 2011, 15: 2593-2599.

[129] WANG Q, ZHANG J, LIU W, et al. A novel sensor based on $Cu_2O/Mo_2C@C$ derived from MOF composites for simultaneous detection of catechol and hydroquinone [J]. Journal of the Electrochemical Society, 2022, 169 (12): 127506.

[130] KIM S, MUTHURASU A. Highly oriented nitrogen-doped carbon nanotube integrated bimetallic cobalt copper organic framework for non-enzymatic electrochemical glucose and hydrogen peroxide sensor [J]. Electroanalysis, 2021, 33 (5): 1333-1345.

[131] YIN H, SHI Y H, DONG Y P, et al. Synthesis of spinel-type $CuGa_2O_4$ nanoparticles as a sensitive non-enzymatic electrochemical sensor for hydrogen peroxide and glucose detection [J]. Journal of Electroanalytical Chemistry, 2021, 885 (1): 115100.

[132] LIU X L, ZHANG X Z, ZHENG J B. One-pot fabrication of AuNPs-Prussian blue-Graphene oxide hybrid nanomaterials for non-enzymatic hydrogen peroxide electrochemical detection [J]. Microchemical Journal, 2021, 160: 105595.

[133] MIAO F J, WU W Y, CONG M R, et al. Graphene/nano-ZnO hybrid materials modify Nifoam for high-performance electrochemical glucose sensors [J]. Ionics, 2018, 24 (12): 4005-4014.

[134] ZHOU J, ZHAO Y N, BAO J, et al. One-step electrodeposition of Au-Pt bimetallic nanoparticles on MoS_2 nanoflowers for hydrogen peroxide enzyme-free electrochemical sensor [J]. Electrochimica Acta, 2017, 250: 152-158.

[135] WU X B, ZHANG W J, CESAR M V, et al. Nanohybrid sensor for simple, cheap, and sensitive electrochemical recognition and detection of methylglyoxal as chemical markers [J]. Journal of Electroanalytical Chemistry, 2019, 839: 177-186.

[136] GUAN H J, ZHAO Y F, CHENG J H, et al. Fabrication of $Pt/CeO_2/NCNFs$ with embedded structure as high-efficiency nanozyme for electrochemical sensing of hydrogen peroxide [J]. Synthetic Metals, 2020, 270: 116604.

[137] MASSET P J, GUIDOTTI R A. Thermal activated ("thermal") battery technology: Part Ⅲa: FeS_2 cathode material [J]. Journal of Power Sources, 2008, 183 (1): 388-398.

[138] 陈永亨, 张平, 梁敏华, 等. 黄铁矿对重金属的环境净化属性探讨 [J]. 广州大学学报 (自然科学版), 2007, 27 (1): 54-57.

[139] 陈代璋, 杨翔顾, 陈斌. 矿物在合成纳米炭管中的催化作用 [J]. 新型炭材料,

1999 (1): 56-59.

[140] PENG H, ANDRES C G, DAN G, et al. Frictional characteristics of suspended MoS₂ [J]. The Journal of Physical Chemistry C, 2018, 122 (47): 26922-26927.

[141] GUIDOTTI R A, MASSET P. Thermally activated ("thermal") battery technology [J]. Journal of Power Sources, 2008, 183: 388-398.

[142] HUAI Y, PLACKOWSKI C, PENG Y. The surface properties of pyrite coupled with gold in the presence of oxygen [J]. Minerals Engineering, 2017, 111: 131-139.

[143] CHANDRA A P, GERSON A R. The mechanisms of pyrite oxidation and leaching: A fundamental perspective [J]. Surface Science Reports, 2010, 65: 293-315.

[144] TAN X C, TIAN Y X, CAI P X, et al. Glucose biosensor based on glucose oxidase immobilized in sol-gel chitosan/silica hybrid composite film on Prussian blue modified glass carbon electrode [J]. Analytical and Bioanalytical Chemistry, 2005, 381: 500-507.

[145] ARNOLD M A, RECHNITZ G A. Substrate consumption by biocatalytic potentiometric membrane electrodes [J]. Analytical Chemistry, 1982, 54: 2315-2317.

[146] IKARIYAMA Y, YAMAUCHI S, YUKIASHI T, et al. One step fabrication of microbiosensor prepared by the codeposition of enzyme and platinum particles [J]. Analytical methods, 1987, 20: 1791-1801.

[147] YAO T. A chemically-modified enzyme membrane electrode as an amperometric glucose sensor [J]. Analytica Chimica Acta, 1983, 148: 27-33.

[148] MOODY G J, SANGHERA G S, Thomas J D. Amperometric enzyme electrode system for the flow injection analysis of glucose [J]. Analyst, 1986, 111: 605-609.

[149] HIN B F Y Y, LOWE C R. Catalytic oxidation of reduced nicotinamide adenine dinucleotide at hexacyanoferrate-modified nickel electrodes [J]. Analytical Chemistry, 1987, 59 (17): 2111-2115.

[150] JING J X, HONG Y C. Amperometric glucose sensor based on coimmobilization of glucose oxidase and poly(p-phenylenediamine) at a platinum microdisk electrode [J]. Analytical Biochemistry, 2000, 280: 221-226.

[151] FOULDS N C, LOWE C R. Enzyme entrapment in electrically conducting polymers, immobilisation of glucose oxidase in polypyrrole and its application in amperometric glucose sensors [J]. Journal of the Chemical Society, 1986, 82: 1259-1624.

[152] OKUDA J, WAKAI J, YUHASHI N, et al. Glucose enzyme electrode using cytochrome b562 as an electron mediator [J]. Biosensors & Bioelectronics, 2003, 8: 699-704.

[153] FANG Y, ZHANG R, DUAN B. Recyclable universal solvents for chitin to chitosan with various degrees of acetylation and construction of robust hydrogels [J]. ACS Sustainable Chemistry & Engineering, 2017, 5: 2725-2733.

[154] ZHU K, DUAN J, GUO J, et al. High-strength films consisted of oriented chitosan nanofibers for guiding cell growth [J]. Biomacromolecules, 2017, 18: 3904-3912.

[155] KUMAR C V, CHAUDHARI A. Proteins immobilized at the galleries of layered α-zirconium phosphate: Structure and activity studies [J]. Journal of the American Chemical Society,

2000, 122: 830-837.

[156] ZHAO R, WANG Y, HASEBE Y, et al. Determination of glucose using a biosensor based on glucose oxidase immobilized on a molybdenite-decorated glassy carbon electrode [J]. International Journal of Electrochemical Science, 2020, 15: 1595-1605.

[157] SORLIER P, DENUZIÈRE A, VITON C, et al. Relation between the degree of acetylation and the electrostatic properties of chitin and chitosan [J]. Biomacromolecules, 2001, 2 (3): 765-772.

[158] ZHANG Y, WANG Y, ZHANG Z, et al. Natural molybdenite- and tyrosinase-based amperometric catechol biosensor using acridine orange as a glue, anchor, and stabilizer for the adsorbed tyrosinase [J]. ACS Omega, 2021, 21: 13719-13727.

[159] YU J, TU J, ZHAO F, et al. Direct electrochemistry and biocatalysis of glucose oxidase immobilized on magnetic mesoporous carbon [J]. Journal of Solid State Electrochemistry, 2010, 14: 1595-1600.

[160] ZHOU M, SHANG L, LI B, et al. Highly ordered mesoporous carbons as electrode material for the construction of electrochemical dehydrogenase- and oxidase-based biosensor [J]. Biosensors & Bioelectronics, 2008, 24: 442-447.

[161] GHASEMI E, SHAMS E, NEJAD N F, et al. Covalent modification of ordered mesoporous carbon with glucose oxidase for fabrication of glucose biosensor [J]. Journal of Electroanalytical Chemistry, 2015, 752: 60-67.

[162] WU S, ZENG Z, HE Q, et al. Electrochemically reduced single-layer MoS_2 nanosheets: Characterization, properties, and sensing applications [J]. Small, 2012, 8: 2264-2270.

[163] JIANG J J, DU X Z. Sensitive electrochemical sensors for simultaneous determination of ascorbic acid, dopamine, and uric acid based on Au @ Pd-reduced graphene oxide nanocomposites [J]. Nanoscale, 2014, 19: 11303-11309.

[164] ZHAO R, WANG Y, ZHANG Z, et al. A glassy carbon electrode modified with molybdenite and Ag nanoparticle composite for selectively sensing of ascorbic acid [J]. Analytical Sciences, 2019, 35: 733-738.

[165] ZHANG Y, WANG Y, HASEBE Y, et al. A sensitive electrochemical ascorbic acid sensor using glassy carbon electrode modified by molybdenite with electrodeposited methylene blue [J]. Applied Biochemistry and Biotechnology, 2020, 191: 1533-1544.

[166] XING L W, MA Z F. A glassy carbon electrode modified with a nanocomposite consisting of MoS_2 and reduced graphene oxide for electrochemical simultaneous determination of ascorbic acid, dopamine, and uric acid [J]. Mikrochimica Acta, 2016, 183: 257-263.

[167] WANG T, ZHU R, ZHUO J, et al. Direct detection of DNA below ppb level based on thionin-functionalized layered MoS_2 electrochemical sensors [J]. Analytical Chemistry, 2014, 86: 12064-12069.

[168] HUANG K J, LIU Y J, WANG H B, et al. Sub-femtomolar DNA detection based on layered molybdenum disulfide/multi-walled carbon nanotube composites, Au nanoparticle and enzyme multiple signal amplification [J]. Biosensors & Bioelectronics, 2014, 55: 195-202.

[169] MALLYA A N, KOTTOKKARAN R, RAMAMURTHY P C. Conducting polymer-carbon black nanocomposite sensor for volatile organic compounds and correlating sensor response by molecular dynamics [J]. Sensors and Actuators B: Chemical, 2014, 201: 308-320.

[170] KIM J, CHO J H, LEE H M, et al. Capacitive humidity sensor based on carbon black/ polyimide composites [J]. Sensors, 2021, 21 (6): 1974.

[171] REANPANG P, MOOL-AM-KHA P, UPAN J, et al. A novel flow injection amperometric sensor based on carbon black and graphene oxide modified screen-printed carbon electrode for highly sensitive determination of uric acid [J]. Talanta, 2021, 232: 122493.

[172] BOEHM H P, VOLL M. Basische oberflächenoxide auf kohlenstoff— I . Adsorption von säuren [J]. Carbon, 1970, 8 (2): 227-240.

[173] FENG J, LI Q, CAI J, et al. Electrochemical detection mechanism of dopamine and uric acid on titanium nitride-reduced graphene oxide composite with and without ascorbic acid [J]. Sensors and Actuators B: Chemical, 2019, 298: 26872.

[174] HASAN M M, RAKIB R H, HASNAT M A, et al. Electroless deposition of silver dendrite nanostructure onto glassy carbon electrode and its electrocatalytic activity for ascorbic acid oxidation [J]. ACS Applied Energy Materials, 2020, 3: 2907-2915.

[175] LIN K C, TSAI T H, CHEN S M. Performing enzyme-free H_2O_2 biosensor and simultaneous determination for AA, DA, and UA by MWCNT-PEDOT film [J]. Biosensors & Bioelectronics, 2010, 26: 608-614.

[176] TANG C F, KUMAR S A, CHEN S M. Zinc oxide/redox mediator composite films-based sensor for electrochemical detection of important biomolecules [J]. Analytical Biochemistry, 2008, 380: 174-183.

[177] YANG L, LIU D, HUANG J, et al. Simultaneous determination of dopamine, ascorbic acid and uric acid at electrochemically reduced graphene oxide modified electrode [J]. Sensors and Actuators B: Chemical, 2014, 193: 166-172.

[178] YANG L, YIN T, LIU Y, et al. Gold nanoparticle-capped mesoporous silica-based H_2O_2-responsive controlled release system for Alzheimer's disease treatment [J]. Acta Biomaterialia, 2016, 46: 177-190.

[179] WU Q, SHENG Q, ZHENG J. Nonenzymatic amperometric sensing of hydrogen peroxide using a glassy carbon electrode modified with a sandwich-structured nanocomposite consisting of silver nanoparticles, Co_3O_4 and reduced graphene oxide [J]. Microchimica Acta, 2016, 183 (6): 1943-1951.

[180] WANG Y, ZHAO K J, ZHANG Z Z, et al. Simple approach to fabricate a highly sensitive H_2O_2 biosensor by one-step of graphene oxide and horseradish peroxidase co-immobilized glassy carbon electrode [J]. International Journal of Electrochemical Science, 2018, 13 (3): 2921-2933.

[181] PINKERNELL U, EFFKEMANN S, KARST U. Simultaneous HPLC determination of peroxyacetic acid and hydrogen peroxide [J]. Analytical Chemistry, 1997, 69 (17): 3623-3627.

[182] ACHATZ D E, MEIER R J, FISCHER L H, et al. Luminescent sensing of oxygen using a quenchable probe and upconverting nanoparticles [J]. Angewandte Chemie International Edition, 2011, 123 (1): 274-277.

[183] XU S X, QIN X J, ZHANG X F, et al. A third-generation biosensor for hydrogen peroxide based on the immobilization of horseradish peroxidase on a disposable carbon nanotubes modified screen-printed electrode [J]. Microchimica Acta, 2015, 182 (7/8): 1241-1246.

[184] TIAN L, FENG Y J, QI Y J, et al. Non-enzymatic amperometric sensor for hydrogen peroxide based on a biocomposite made from chitosan, hemoglobin, and silver nanoparticles [J]. Microchimica Acta, 2012, 177 (1/2): 39-45.

[185] JIA J B, WANG B Q, WU A G, et al. A method to construct a third-generation horseradish peroxidase biosensor: Self-assembling gold nanoparticles to three-dimensional sol-gel network [J]. Analytical Chemistry, 2002, 74 (9): 2217-2223.

[186] PARK S, BOO H, CHUNG T D. Electrochemical non-enzymatic glucose sensors [J]. Analytica Chimica Acta, 2006, 556 (1): 46-57.

[187] LU W D, SUN Y J, DAI H C, et al. Direct growth of pod-like Cu_2O nanowire arrays on copper foam: Highly sensitive and efficient nonenzymatic glucose and H_2O_2 biosensor [J]. Sensors and Actuators B: Chemical, 2016, 231: 860-866.

[188] ZHANG Z, GU S Q, DING Y P, et al. Determination of hydrogen peroxide and glucose using a novel sensor platform based on $Co_{0.4}Fe_{0.6}LaO_3$ nanoparticles [J]. Microchimica Acta, 2013, 180 (11/12): 1043-1049.

[189] MANJUNATHA J G, SWAMY B E K, MAMATHA G P, et al. Cyclic voltammetric studies of dopamine at lamotrigine and TX-100 modified carbon paste electrode [J]. International Journal of Electrochemical Science, 2009, 4 (2): 187-196.

[190] ANANDA P P, MANJUNATHA J G, TIGARI G. Poly(Niacin) based carbon nanotube sensor for the sensitive and selective voltammetric detection of vanillin with caffeine [J]. Analytical and Bioanalytical Electrochemistry, 2020, 12 (4): 553-568.

[191] RAZMI H, MOHAMMAD-REZAEI R. Non-enzymatic hydrogen peroxide sensor using an electrode modified with iron pentacyanonitrosylferrate nanoparticles [J]. Microchimica Acta, 2010, 171 (3/4): 257-265.

[192] ZHAO C J, WU X, LI P W, et al. Hydrothermal deposition of $CuO/rGO/Cu_2O$ nanocomposite on copper foil for sensitive nonenzymatic voltammetric determination of glucose and hydrogen peroxide [J]. Microchimica Acta, 2017, 184: 2341-2348.

[193] PATTAN-SIDDAPPA G, KO H U, KIM S Y. Active site rich MXene as a sensing interface for brain neurotransmitter's and pharmaceuticals: One decade, many sensors [J]. TrAC Trends in Analytical Chemistry, 2023, 164 (3): 117096.

[194] GANESH P, KIM S Y. Electrochemical sensing interfaces based on novel 2D-MXenes for monitoring environmental hazardous toxic compounds: A concise review [J]. Journal of Industrial and Engineering Chemistry, 2022, 109: 52-67.

[195] RARIL C, MANJUNATHA J G, TIGARI G. Low-cost voltammetric sensor based on an anionic

surfactant modified carbon nanocomposite material for the rapid determination of curcumin in natural food supplement [J]. Instrumentation Science and Technology, 2020, 48 (5): 561-582.

[196] MANJUNATHA J G. Surfactant modified carbon nanotube paste electrode for the sensitive determination of mitoxantrone anticancer drug [J]. Journal of Electrochemical Science and Engineering, 2017, 7 (1): 39-49.

[197] GANESH P S, KIM S Y, KAYA S, et al. An experimental and theoretical approach to electrochemical sensing of environmentally hazardous dihydroxy benzene isomers at polysorbate modified carbon paste electrode [J]. Scientific Reports, 2022, 12 (1): 2149.

[198] HAREESHA N, MANJUNATHA J G. Electro-oxidation of formoterol fumarate on the surface of novel poly (thiazole yellow-G) layered multi-walled carbon nanotube paste electrode [J]. Scientific Reports, 2021, 11 (1): 12797.

[199] CHADCHAN K S, CHADCHAN A B, GANESH P S. Simultaneous sensing of mesalazine and folic acid at poly(murexide) modified glassy carbon electrode surface [J]. Materials Chemistry and Physics, 2022, 290: 126538.

[200] WEI H, XIE J D, JIANG X M, et al. Synthesis and characterization dextran-tyramine-based H_2O_2-sensitive microgels [J]. Macromolecules, 2014, 47 (17): 6067-6076.

[201] PUSHPANJALI P A, MANJUNATHA J G, HAREESHA N, et al. Voltammetric analysis of antihistamine drug cetirizine and paracetamol at poly (L-leucine) layered carbon nanotube paste electrode [J]. Surfaces and Interfaces, 2021, 24: 101154.

[202] PUSHPANJALI P A, MANJUNATHA J G, AMRUTHA B M, et al. Development of carbon nanotube-based polymer-modified electrochemical sensor for the voltammetric study of curcumin [J]. Material Research Innovations, 2021, 25 (7): 412-420.

[203] RARIL C, MANJUNATHA J G, RAVISHANKAR D K, et al. Validated electrochemical method for simultaneous resolution of tyrosine, uric acid, and ascorbic acid at polymer modified nano-composite paste electrode [J]. Surface Engineering and Applied Electrochemistry, 2020, 56 (4): 415-426.

[204] GANESH P S, DHAND V, KIM S Y, et al. Design and synthesis of active site rich cobalt tin sulfide nano cubes: An effective electrochemical sensing interface to monitor environmentally hazardous phenolic isomers [J]. Microchemical Journal, 2024, 200: 110308.

[205] OKPARA E C, FAYEMI O E, SHERIF E M, et al. Electrochemical evaluation of Cd^{2+} and Hg^{2+} ions in water using $ZnO/Cu_2ONPs/PANI$ modified SPCE electrode [J]. Sensing and Bio-Sensing Research, 2022, 35: 100476.

[206] RAJAJI U, GANESH P S, KIM S Y, et al. MoS_2 Sphere/2D S-Ti_3C_2 MXene nanocatalysts on laser-induced graphene electrodes for hazardous aristolochic acid and roxarsone electrochemical detection [J]. ACS Applied Nano Materials, 2022, 5 (3): 3252-3264.

[207] YANG J, LIN M, CHO M S, et al. Determination of hydrogen peroxide using a prussian blue modified macroporous gold electrode [J]. Microchimica Acta, 2015, 182 (5/6): 1089-1094.

[208] WANG Y, ZHAO J F, YANG T, et al. Electrochemical evaluation of sulfide mineral modified glassy carbon electrode as novel mediated glucose biosensor [J]. Journal of Electroanalytical Chemistry, 2021, 894: 115357.

[209] ZHANG Y, WANG Y, DONG Y. Effect of acridine orange on improving the electrochemical performance of tyrosinase adsorbed sulfide minerals based catechol biosensor [J]. Chemistry Select, 2023, 8 (2): 1-8.

[210] PIJIKA M A K, SUWAPHID T, SURIN S, et al. Hybrid electrocatalytic nanocomposites based on carbon nanotubes/nickel oxide/nafion toward an individual and simultaneous determination of serotonin and dopamine in human serum [J]. Bulletin of the Chemical Society of Japan, 2020, 93 (11): 1393-1400.

[211] SMOLKO V, SHURPIK D, EVTUGYN V, et al. Organic acid and DNA sensing with electrochemical sensor based on carbon black and pillar [5] arene [J]. Electroanalysis, 2016, 28 (6): 1391-1400.

[212] SHANMUGAM R, GANESAMURTHI J, CHEN T W, et al. Preparation and fabrication of porous-Fe_2O_3/carbon black nanocomposite: A portable electrochemical sensor for psychotropic drug detection in environmental samples [J]. Materials Today Chemistry, 2022, 25: 100982.

[213] LOKHANDE A C, TEOTIA S, SHELKE A R, et al. Chalcopyrite based carbon composite electrodes for high performance symmetric supercapacitor [J]. Chemical Engineering Journal, 2020, 399: 125711.

[214] CHEN L, WANG Y, HASEBE Y, et al. Copper (II) ion-doped polyimide composite for nonenzymatic electrochemical hydrogen peroxide sensing [J]. International Journal of Electrochemical Science, 2019, 14: 4891-4902.

[215] DARMSTADT H, KALIAGUINE S, XU G, et al. Solid state C-13-NMR spectroscopy and XRD studies of commercial and pyrolytic carbon blacks [J]. Carbon, 2000, 38 (9): 1279-1287.

[216] GILMARTIN M A, HART J P. Sensing with chemically and biologically modified carbon electrodes [J]. Analyst, 1995, 120 (4): 1029-1045.

[217] GORAN J M, PHAN E N H, FAVELA C A, et al. H_2O_2 detection at carbon nanotubes and nitrogen-doped carbon nanotubes: Oxidation, reduction, or disproportionation? [J]. Analytical Chemistry, 2015, 87 (12): 5989-5996.

[218] JIANG Y Y, TONG X Y, E Y F, et al. TiO_2-doped LTA zeolite as a sensitive non-enzymatic electrochemical sensor toward hydrogen peroxide detection [J]. Journal of Alloys and Compounds, 2023, 968 (15): 171866.

[219] LAROUSSI A, RAOUAFI N, MIRSKY V M. Electrocatalytic sensor for hydrogen peroxide based on immobilized benzoquinone [J]. Electroanalysis, 2021, 33 (9): 2062-2070.

[220] CHI Q, ZHANG J, NIELSEN J U, et al. Molecular monolayers and interfacial electron transfer of pseudomonas aeruginosa azurin on Au (111)[J]. Journal of the American Chemical Society, 2000, 122: 4047-4055.

[221] LU Z Y, WANG Y, ZHU Y, et al. Popcorn-derived porous carbon based electrochemical sensor for simultaneous determination of hydroquinone, catechol and nitrite [J]. Chemistry Select, 2022, 7 (24): 2-10.

[222] WANG M Q, ZHANG Y, BAO S J, et al. Ni(Ⅱ)-based metal-organic framework anchored on carbon nanotubes for highly sensitive non-enzymatic hydrogen peroxide sensing [J]. Electrochimica Acta, 2016, 190: 365-370.

[223] YANG Z Y, BAI X. Synthesis of Au core flower surrounding with sulphur-doped thin Co_3O_4 shell for enhanced nonenzymatic detection of glucose [J]. Microchemical Journal, 2021, 160: 105601.

[224] WANG Y, CHEN L, ZHANG Y, et al. Carbon-black-doped polyimide-modified glassy carbon electrode for sensitive nonenzymatic amperometric determination of hydrogen peroxide [J]. Sensors and Materials, 2019, 31 (4): 1191-1203.

[225] WILCOX D E, PORRAS A G, HWANG Y T, et al. Substrate analog binding to the coupled binuclear copper active site in tyrosinase [J]. Journal of the American Chemical Society, 1985, 107: 4015-4027.

[226] SOLOMON E I, SUNDARAM U M, MACHONKIN T E. Multicopper oxidases and oxygenases [J]. Chemical Reviews, 1996, 96: 2563-2606.

[227] FERNANDES M S, KERKAR S. Microorganisms as a source of tyrosinase inhibitors: A review [J]. Annals of Microbiology, 2017, 67: 343-358.

[228] ATLOW S C, BONADONNA-APARO L, KLIBANOV A M. Dephenolization of industrial wastewaters catalyzed by polyphenol oxidase [J]. Biotechnology and Bioengineering, 1984, 26: 599-603.

[229] 王广现, 姚瑶, 褚光雷, 等. $Ti_3C_2Tx/Au@Pt$ 纳米花复合膜的制备及其无酶 H_2O_2 传感器的应用 [J]. 分析测试学报, 2019, 38 (10): 1254-1259.

[230] HU F, CHEN S, WANG C, et al. Study on the application of reduced graphene oxide and multiwall carbon nanotubes hybrid materials for simultaneous determination of catechol, hydroquinone, p-cresol and nitrite [J]. Analytica Chimica Acta, 2012, 724: 40-46.

[231] SI W, WU L, ZHANG Y, et al. Electrodeposition of graphene oxide doped poly (3, 4-ethylenedioxythiophene) film and its electrochemical sensing of catechol and hydroquinone [J]. Electrochimica Acta, 2012, 85: 295-301.

[232] TEMBE S, INAMDAR S, HARAM S, et al. Electrochemical biosensor for catechol using agarose-guar gum entrapped tyrosinase [J]. Journal of Biotechnology, 2007, 128 (1): 80-85.

[233] DEOKAR G, VIGNAUD D, ARENAL R, et al. Synthesis and characterization of MoS_2 nanosheets [J]. Nanotechnology, 2016, 27 (7): 1-11.

[234] ANDREIJ C G, ALISSON R C, LUCAS L, et al. Local photodoping in monolayer MoS_2 [J]. Nanotechnology, 2020, 31 (25): 255701.

[235] ZOU Y S, LOU D, DOU K, et al. Amperometric tyrosinase biosensor based on borondoped nanocrystalline diamond film electrode for the detection of phenolic compounds [J]. Journal of

Solid State Electrochemistry, 2015, 20 (1): 47-54.

[236] WANG Y, ZHAI F G, YASUSHI H, et al. A highly sensitive electrochemical biosensor for phenol derivatives using a graphene oxide-modified tyrosinase electrode [J]. Bioelectrochemistry, 2018, 122: 174-182.

[237] MOHAMMAD A, ZAMZAMI M A. Construction of carbon cloth modified-Al_2O_3-g-C_3N_4 sensor for non-enzymatic electrochemical detection of hydrogen peroxide [J]. Diamond and Related Materials, 2023, 132: 109600.

[238] HIRA S A, ANNAS D, NAGAPPAN S, et al. electrochemical sensor based on nitrogen-enriched metal-organic framework for selective and sensitive detection of hydrazine and hydrogen peroxide [J]. Journal of Environmental Chemical Engineering, 2021, 47 (11): 105182.

[239] WEI P, SUN D P, NIU Y Y, et al. Enzyme-free electrochemical sensor for the determination of hydrogen peroxide secreted from MCF-7 breast cancer cells using calcined indium metal-organic frameworks as efficient catalysts [J]. Electrochimica Acta, 2020, 359 (1): 136962.

[240] JIN J Y, WU W Q, MIN H, et al. A glassy carbon electrode modified with FeS nanosheets as a highly sensitive amperometric sensor for hydrogen peroxide [J]. Microchimica Acta, 2017, 184 (5): 1389-1396.

[241] PING J F, RU S P, FAN K, et al. Copper oxide nanoparticles and ionic liquid modified carbon electrode for the non-enzymatic electrochemical sensing of hydrogen peroxide [J]. Microchimica Acta, 2010, 171 (1/2): 117-123.

[242] RAVI S D, UEHERA N, KATO T. Determination of hydrogen peroxide based on a metal dispersed sol-gel derived ceramic-graphite composite electrode [J]. Analytical & Bioanalytical Chemistry, 2002, 374 (3): 412-415.

[243] THENMOZHI K, NARAYANAN S S. Amperometric hydrogen peroxide sensor based on a sol-gel-derived ceramic carbon composite electrode with toluidine blue covalently immobilized using 3-aminopropyltrimethoxysilane [J]. Analytical & Bioanalytical Chemistry, 2007, 387 (3): 1075-1082.

[244] SIMI Z, STANI Z D, ANTONIJEVI M. Application of pyrite and chalcopyrite electrodes for the acid-base determinations in nitriles [J]. Journal of the Brazilian Chemical Society, 2011, 22 (4): 709-717.

[245] WANG Y, HASEBE Y. Methylene blue-induced stabilization effect of adsorbed glucose oxidase on a carbon-felt surface for bioelectrocatalytic activity [J]. Journal of the Electrochemical Society, 2012, 159 (5): F110-F118.

[246] ACHARI D S, SANTHOSH C, DEIVASEGAMANI R, et al. A non-enzymatic sensor for hydrogen peroxide based on the use of α-Fe_2O_3, nanoparticles deposited on the surface of NiO nanosheets [J]. Microchimica Acta, 2017, 184 (9): 3223-3229.

[247] MEI H, WU W, YU B, et al. Nonenzymatic sensing of glucose at neutral pH values using a glassy carbon electrode modified with carbon supported Co@Pt core-shellnanoparticles [J].

Microchim Acta, 2015, 182 (11/12): 1869-1875.

[248] NOOR A M, SHAHID M M, RAMESHKUMAR P, et al. A glassy carbon electrode modified with graphene oxide and silver nanoparticles for amperometric determination of hydrogen peroxide [J]. Microchimica Acta, 2016, 183 (2): 911-916.

[249] 盛庆林, 郑建斌. 电化学传感器构置及其应用 [M]. 北京: 科学出版社, 2013.

附录 部分外文缩略词中英对照表

CV	循环伏安法
DPV	差分脉冲伏安法
EIS	电化学阻抗谱
PR	黄铁矿
CS	壳聚糖
GOD	葡萄糖氧化酶
TYR	酪氨酸酶
GCE	玻碳电极
MLN	辉钼矿
CB	炭黑
UA	尿酸
DA	多巴胺
AA	抗坏血酸
GA	戊二醛
CC	邻苯二酚
HQ	对苯二酚
MB	亚甲基蓝
PBS	磷酸盐缓冲溶液
AFM	原子力显微镜
QCM-D	石英晶体微天平
XRD	X 射线衍射
SEM	扫描电子显微镜